与虎同行
WALKING WITH THE TIGER

印红　主编

中国大百科全书出版社

图书在版编目（CIP）数据

与虎同行／印红主编. －－北京：中国大百科全书出版社，2010.10
ISBN 978-7-5000-8440-2
Ⅰ. ①与… Ⅱ. ①印… Ⅲ. ①虎—保护—普及读物 Ⅳ. ①Q959.838-49
中国版本图书馆CIP数据核字（2010）第188526号

出　　品　北京全景地理书业有限公司
策　　划　陈沂欢
责任编辑　徐世新　吴　琴　吕永奇
责任印制　乌　灵

出　　版　中国大百科全书出版社（100037 北京西城区阜成门北大街 17 号）
　　　　　网　址：http://www.ecph.com.cn　　电话：(010) 88390718
发　　行　新华书店总经销
印　　刷　北京华联印刷有限公司
制　　版　北京美光制版有限公司
开　　本　720mm × 1000mm 1/16
印　　张　13
字　　数　260 千字
版　　次　2010 年 10 月第 1 版
印　　次　2010 年 10 月第 1 次印刷
书　　号　ISBN 978-7-5000-8440-2
定　　价　39.80 元

《与虎同行》编辑委员会

科学顾问　马建章

主　　编　印　红

编　　委　(按姓氏笔画排序)

石全华、刘昕晨、严　旬、李　惟

宋延龄、范志勇、徐　健、解　焱

撰　　文　(按章节排序)

印　红（序）

李栓科（前言）

曹志红（第一部分）

解　焱、胡德夫、唐继荣、刘昆鹏

杨亮亮、肖文宏（第二部分）

严　旬、解　焱、石全华（第三部分）

马建章（第四部分）

审　　校　冯利民

摄　　影　(按姓氏笔画排序)

王建明、刘思远、刘昕晨、李忠文

杜　一、徐　健

绘　　图　张　瑜

感言

虎处于食物链的最顶端，通过自己的捕食活动也推动着整个生物链的运转和众多动物的进化和演变。在这个过程中，自然生态的平衡得到了有效的维护和促进。

虎是典型的山地林栖动物。在南方的热带雨林、常绿阔叶林至北方的落叶阔叶林和针阔叶混交林，都能很好地生活。从生态学的角度看，虎种群数量的多少可反映出生态系统是否平衡。哪里有虎存在，就表明那个地方还有完整的生态系统。

但是很长时间以来，由于对虎的恐惧，人们把它们置于自己利益的对立面，加以持续的、大规模的捕杀。于是当岁月之轮转到今天，我们才蓦然发现，虎这种充满魅力的动物正离我们而去。也许过不了多久，我们的后代将只能在图片和文字中认识和领略虎的神采了。

在2010年这个中国传统的虎年，我们感受到了这种昔日的王者所面临的困窘与危险。在所有8个亚种中，有3个已经消失了，其余的距离灭绝也并不遥远，尤其是华南虎，我们在野外已多年未见其身影。而在人类社会中，尽管虎文化是中华文明中极为重要的一部分，但人们在贴虎年画、戴虎头帽、穿虎头靴、吃老虎馍等等传统行为之外，似乎并没有充分了解到野生虎命运的不确定性和拯救虎的工作所面临的紧迫感。有鉴于此，我们经过长期的调查和推动，在诸多科学家和有责任感的社会组织的帮助之下，出版了《与虎同行》。

这本书可以引领读者走进虎的世界，感受它们纯净的心灵，了解它们种种行为所传递的信息。它不仅介绍了传承至今的灿烂虎文化，也记录了虎在自然界神秘的生存状态，以及为了拯救这种美丽的动物，中国和世界所作出的种种努力。

人类需要虎，需要在大自然中有虎这样一个色彩斑斓的朋友！认识虎，善待虎，给虎一个生存的理由！这也是我们出版这本书的初衷。

让人欣慰的是，无论官方还是民间，都有越来越多的人开始尊重自然，为拯救虎而不懈努力。如果这种趋势不断壮大并持续下去，也许自然界中虎的种群得以维持和顺利恢复的目标是值得乐观期待的。

在本书的编辑过程中，获得了国家林业局、世界自然基金会(WWF)北京代表处、国际野生生物保护学会 (WCS)、中国野生动物保护协会、拯救中国虎国际基金会等多方面的支持与配合。在此向他们致以衷心的感谢，并期望越来越多的人能通过这本书更加了解和关爱虎，让这种金色的大型猫科动物和人类一起，在通往未来的路上同行。

TESTIMONIALS

东北虎的毛色鲜明美丽。虎爪和犬齿锋利无比，长度分别为9厘米和15厘米。东北虎以此在严酷的自然条件下保护自我，对猎物展开捕杀，也靠它们与同类竞争者搏斗，赶走入侵领地的外来者。

大兴安岭有730万公顷林地，森林覆盖率达74.1%，在浩瀚的绿色海洋中繁衍生息着寒温带马鹿、驯鹿、驼鹿、梅花鹿、棕熊、紫貂、飞龙、野鸡、榛鸡、天鹅、獐、狍、野猪、雪兔等各种珍禽异兽400余种，野生植物1000余种，成为中国高纬度地区不可多得的野生动、植物乐园，也曾是东北虎的重要栖息地之一。

序

虎被誉为“森林之王”，在森林生态系统中处于食物链的顶端，对维护森林生态平衡发挥着十分重要的作用。起源于中国的老虎，因其游走于深山密林的威武身影，有着无穷的神秘魅力，与中华文化结下了悠久的历史渊源。无论是从维护自然生态平衡的角度，还是从传承中华文化的角度，虎都值得我们加倍珍爱和特别保护。

令人遗憾的是，在过去的100多年里，虎啸与我们渐行渐远。自1900年至今，在虎曾广泛分布的西亚、东亚、南亚直至俄罗斯远东的广大地区，由于人口增长、森林采伐、农业开垦、城市扩张等原因，导致虎的栖息地不断萎缩，全球野生虎的数量从约10万只下降到不足3500只。过去曾令人恐惧的老虎，今天已经濒临灭绝。如果人类不采取紧急措施施救，也许不久的将来，人类就再也看不到虎的身影，也听不到它的咆哮了。

中国现在分布有东北虎、华南虎、印支虎、孟加拉虎4个虎亚种，估计目前幸存的野外老虎不足60只，其中，东北虎20头左右，印支虎、孟加拉虎均不足20只，野外华南虎20多年未见实体。为拯救处于濒危状况的野生虎，中国政府从20世纪开始就实施了拯救行动。1988年，将虎确定为国家一级保护野生动物，依法实施拯救、保护和人工繁育工作。在虎分布区建立几十个自然保护区以保护虎的栖息地，基层一线保护管理站的人员不断加强老虎栖息地巡护，坚决遏制非法猎捕野生虎及其捕食动物等活动，有效地保护了野生虎的栖息地。近年来，中国又启动实施了天然林保护、退耕还林、野生动植物保护和自然保护区建设等重点生态建设工程，积极促进野生虎栖息地的恢复和改善。中央和地方财政对野生虎及其捕食动物造成的人畜伤害和农作物受损给予一定补偿，维护野生虎分布区当地群众的权益。执法机构对盗猎野生虎和走私及非法经营虎骨、虎皮等犯罪行为，加大打击力

度，查处了一批大案要案，涉及破坏虎生存的非法活动势头得到有效遏制。目前，社会公众的虎保护意识普遍得到提高，全国范围内关注虎保护的氛围已经形成。

中国政府高度重视全球野生虎保护合作，先后与印度、俄罗斯政府签订了共同保护虎的协议，并与其他国家和组织合作开展了野生虎调查、信息交流、人员培训、执法研讨等一系列保护行动，取得了显著成效。2010年又是中国农历的虎年，在我们欢庆虎年之际，令我们担心的是，野生虎的生存状况依旧极度濒危。我们真诚地希望，全社会各种力量加强交流与合作，一齐行动起来，为恢复和扩大野生虎栖息地，为野生虎种群的不断增长而不懈努力。

唯有威虎风凛凛，但愿长啸山谷中。

国家林业局副局长

印红

2010年2月1日

PREFACE

华南虎不仅在生态系统中发挥着极其重要的作用，且其起源及扩散以及分布区的变迁过程在研究虎的起源和演化等方面也具有不可替代的科学价值。因为较其他虎亚种，华南虎头骨长度与头骨宽度的比值较大，体型修长，腹部较细，更接近老虎的直系祖先——中华古猫。

武夷山位于福建与江西的交界处。这里保存了世界同纬度带最完整、最典型、面积最大的中亚热带原生性森林生态系统，发育有明显的植被垂直带谱。随海拔递增，依次分布着常绿阔叶林带、针叶阔叶过渡带、温性针叶林带、中山苔藓矮曲林带、中山草甸五个植被带，分布着南方铁杉、小叶黄杨、武夷玉山竹等珍稀植物群落，几乎囊括了中国亚热带所有的亚热带原生性常绿阔叶林和岩生性植被群落，也栖息了许多野生动物。历史上，这里也曾是华南虎的分布区域之一。

前言

老虎是大自然的杰作之一，是亚洲特有的肉食动物。它优雅美丽，神秘而凶猛，曾经在广袤的亚洲有过广泛分布。这种令人敬畏的动物在中国传统文化中已成为一种精神的象征。但是，这一产生于100多万年前的物种在今天却面临消失的困境。

世界上的虎只有一个种，仅分布于亚洲。由于分布地区十分辽阔，因此虎在体型、色彩、斑纹上依栖息地不同而产生差异，故学者将虎分为8个亚种，并以分布区而冠名：东北虎（西伯利亚虎）、华南虎、里海虎、孟加拉虎、印支虎、苏门达腊虎、爪哇虎、巴厘虎。而目前，里海虎、爪哇虎、巴厘虎已绝种，其余的5个亚种也十分濒危。

历史上中国分布有5个虎亚种，即东北虎、华南虎、孟加拉虎、印支虎和里海虎。它们曾经分布在西起新疆、东至沿海诸省、北接中俄边界、南抵海南的广大区域内，其分布区占中国国土面积一半以上。

中国虎诸亚种在世界虎变迁史上具有典型性。中国牧业和农业文明历史悠久，早期沿江河平原的古代牧业和农业活动导致了虎生存环境的改变，迫使其从水源丰富、植被茂盛的江河湖沼草丛和平原林区消失。近百年来，现存各个虎亚种的个体发现及分布区信息基本上来自山地林区，以至人们误以为虎是典型的山地物种。近代经济的发展、人口的增多、森林的开发和狩猎等经济活动的增强，对已退缩至山地林区的虎造成更大的影响，其种群数量和分布范围进一步减少。

中国不仅是虎的起源地，而且也是虎的分化中心和虎亚种最多的国家。在中国古代。虎这种威猛的大型猫科动物被人们称为“兽中之王”。《风俗通义》中说：“虎，百兽之长也，能执搏，挫锐，噬食，鬼魅”。所以，在古代文学中以白虎和青龙、朱雀、玄武4种图像，象征东、南、西、北4个方位。虎是神的化

身，而且被赋予人性的美德与智慧，在人们心中，它既是神兽，也是义兽。此外，老虎除了是一个自然物种外，也是一种文化现象。它常被视为权力和制度的象征。威严凶猛无比，成为古代文学艺术描绘的对象，这充分体现了虎与人类的密切关系和虎文化对世人的影响。

中国人善讲“理”，在《易经》中有这样的说法：“大人虎变”。其意是说大人物的行止屈伸如虎身花纹一样炫烂多变，变幻无穷。中国人爱吉祥物，于是虎符、虎形旗成了镇摄敌手之物，而百姓历来就愿意用虎画、虎脸、虎门神等祈福避邪。这个习俗已流传了几千年。

在中国汉族及藏族的传统历法中，每60年为一循环，分十二生肖，每年由一种动物组成，老虎便是十二生肖之一。虽然中国现存的老虎数量十分有限，但老虎的影响力仍然未见减退，一般人依然相信在虎年出生的男孩具有驱赶邪魔的力量，在小孩额上用酒及水写上“王”字可使他们变得更为勇敢及健康。又据说小孩子戴上制成老虎头形状的帽子，穿上画了老虎图案的鞋子，或是睡觉时使用老虎形状的枕头，便可以更健康活泼。

虎是人类的朋友，与人类共在一片蓝天下。然而，遗憾的是，由于人类对自然资源贪婪地索取，虎的生存环境正日益消失，野生虎已经危险到即将离我们而去，挽救虎已成为我们全民族义不容辞的责任。我由衷地希望，通过这本书人们会对虎给予更多的关注和重视，从而推动虎保护事业的持续发展，最终使这种美丽的动物获得拯救。

《中国国家地理》杂志社社长兼总编辑

2010年4月18日

FOREWORD

孟加拉虎的栖息地范围很广，包括很高、很冷的喜马拉雅山针叶林、沼泽芦苇丛、印度半岛的枯山、印度北部苍翠繁茂的雨林和干燥的树林。大多数孟加拉虎生活在印度，也有一些穿越河流和山林，在中国、尼泊尔、孟加拉国、不丹等地生活。

西双版纳广大茂密的森林给各种野生动物提供了理想的生息场所，其鸟兽种类之多，是国内其他地方无法相比的；目前已知有鸟类429种，占全国鸟类总数2/3；兽类67种，占全国兽类总数的16%。其中被列为世界性保护动物的有亚洲象、兀鹫、印支虎、金钱豹等；有国家一级保护动物野牛、羚羊、懒猴等13种，还有许多二、三类保护动物。

伴随着人们一句句“祝您在新的一年里龙腾虎跃，生龙活虎，虎虎生威”的美好祝福，十二年一轮回的虎年再一次走入我们的生命里程，走进历史长河的又一个片段……

[1]

虎被称作“百兽之王”，在某种意义上，它可以被认为是自然生态的一个坐标性物种。每一只野生虎都统治着一片山林，守护着一方家园，它的命运关系到整个生态系统的平衡与稳定……

[2]

在绝大多数的时间里，虎是一种令人敬畏的动物，它们锋利的爪牙和雄壮的体型让所有人胆战心惊。但时至今日，越来越多的虎已经失去了昔日的野性，失去了……

[3]

可以说，对于虎的灭绝和濒危，人类是负有不可推卸的责任的。也可以说，虎的未来几乎完全取决于人类（这本身就是一个可悲的问题）。如果人类重视与自然界的和谐，善待自然，给虎留下一片生存的空间，虎或许会放慢其走向灭绝的脚步……

[4]

目录 CONTENTS

虎的传人 就是龙的传人

呼啸山林 站在食物链顶端

尊重自然 让猛兽成为猛兽

走向何方 虎有怎样的未来

商代虎乳人卣为商晚期青铜精品，装饰性风格出类拔萃。该器表现了触目惊心的虎口吞人之像，但人物却面无恐惧表情。故而有人命名为虎食人卣，另一些却主张定名为虎乳人卣，一字之差，却表达了完全相反的意思。《庄子》讲到虎与人的关系时说，人无害虎之心，虎即无伤人之意，描绘了一幅和谐相处的人兽关系图。

虎的传人

就是龙的传人

伴随着人们一句句“祝您在新的一年里龙腾虎跃，生龙活虎，虎虎生威”的美好祝福，十二年一轮回的虎年再一次走入我们的生命里程，走进历史长河的又一个片段。当中华民族悠久的历史文化以“龙的传人”来彰显时，与之同时起源、互为纽带并贯穿整个民族文化的“虎文化”同样让我们引以为豪。源于远古自然崇拜和图腾崇拜的中华龙虎文化，与中国初民原始文化共生并存，至少有八九千年的历史。灿烂丰富的虎文化始终贯穿于中华民族的历史之中。中华民族不仅是龙的传人，也是虎的传人！

从无法确切知晓的时间开始，中国古人把十二种或虚拟或真实的动物融入到传统历法中，以此代表人们不同的生命特征。按照这种历法，每一年每一月每一日甚至每一个时辰，都有一种特定的动物与之对应。而公元2010年则是农历庚寅年，寅在虎，通俗来讲，这一年就是虎年。

伴随着人们一句句“祝您在新的一年里龙腾虎跃，生龙活虎，虎虎生威”的美好祝福，12年一轮回的虎年再一次走入我们的生命里程，走进历史长河的又一个片段。当中华民族悠久的历史文化以“龙的传人”来彰显时，与之同时起源、互为纽带贯穿整个民族文化的“虎文化”同样让我们引以为豪。源于远古自然崇拜和图腾崇拜的中华龙虎文化，与中国初民原始文化共生并存，至少有八九千年的历史。灿烂丰富的虎文化始终贯穿于中华民族的历史之中。中华民族不仅是龙的传人，也是虎的传人！

神虎的形象经人们千百年的创造再创造，由啖食生灵的凶相变成天真有趣、温顺可亲的样子，成为人们各种形式的保护神和好朋友。

虎头鞋是一种中国传统民间手工艺制作的童鞋，北方有些地区也称其为“猫头鞋”。它既有实用价值，也有观赏价值，同时它又是一种吉祥物，人们赋予它驱鬼辟邪的功能。虎头鞋做工复杂，仅虎头上就需用刺绣、拨花、打籽等多种针法。鞋面的颜色以红、黄为主，虎嘴、眉毛、鼻、眼等处常采用粗线条勾勒，夸张地表现虎的威猛。

东北虎也叫西伯利亚虎，原生境是高纬度的山林交接处，生性喜寒。冬季时，东北虎毛色鲜亮，在一年中最富于观赏性。

金色的守护神
——原始虎图腾崇拜

在中国传统的四象之神（青龙、白虎、朱雀、玄武）文化崇拜中，虎是唯一具有动物实体的图腾崇拜物，这也是虎文化渊源之根本。作为一种处于生态学上食物链顶端的猛兽，虎起源于中国，且只分布在亚洲。虎文化不仅是中国文化的重要组成部分，而且在众多亚洲文化中都有着重要的象征意义。

如果要对虎文化寻根，就必须先来说说虎这种动物。虎在动物分类学上属于哺乳纲食肉目猫科豹属，学名为*Panthera tigris* Linnaeus，全世界只有一种，其中又分巴厘虎、里海虎、华南虎、东北虎等8个亚种。古生物学家研究的结果表明，虎起源于地质年代的第三纪中，由古肉食动物中的真猫类进化而来。它的存在已有200多万年的历史。

1920年，时任中国政府矿业顾问的瑞典地质学家安特生(Anderson)雇人在河南渑池兰沟发掘出了年代最早的虎化石，4年后它被命名为“古中华虎”。1967年德国的科学家海默(Hemmer)著文详细讨论了这一标本中每一块骨头的形态特征，并做了认真的测量和对比，得出结论：它的绝大部分特征都和现代的虎最为接近，是现代虎的祖先，其后分布亚洲各地的不同虎亚种都由“古中华虎”繁衍而来。

后来人们又在陕西蓝田公王岭发现了虎的一段上颌和一件不完整的下颌化石，其中上颌在发现时和著名的蓝田人头盖骨紧密地联在一起。其地质时代大约是距今110万年左右。这说明至少在距今100多万年前，虎就和中国人类的祖先——蓝田人生活在一起了。到中更新世时，也就是从距今60万年左右开始，虎的化石更为普遍，其中数量最多、最为著名的是华北周口店北京人遗址和华南的四川万县盐井沟裂隙堆积中。值得注意的是，在周口店山顶洞（距今大约2万多年），虎是化石中个体数目最多的动物之一。这里曾经发现过多个完整的骨架，许多头骨和牙床。而在盐井沟发现的虎化石据统计至少有46个个体。由此看来，虎在远古时期就已与我们的原始初民共生共存，并且在数量上远远超过了人类。

由此不难看出，虎从一开始就与人类尤其是中国人相依相伴，所以中国的虎文化可说是源远流长。那么什么是虎文化呢？所谓虎文化，是指人所赋予虎的人文概念，即用人的意识研究加工过的虎的文化内涵。

虎只生活在植被茂密、水源丰富的地方，但是，随着环境的日益恶化，一些曾经栖息过虎的地方也受到了沙漠化的侵袭。

青海的土族人在跳“於菟舞”，“於菟”即老虎。土族至今仍保留“於菟”这一对老虎的别称以及驱“於菟”的习俗。《辞海》：“於菟，虎的别称”。《辞源》中解释：楚国著名的政治家令尹子文是个私生子，被丢弃在云梦泽这一地方，被一只母虎抚育长大，故其名穀於菟，因为当时楚国称老虎为“於菟”，把喂乳叫“穀”，“穀於菟”的意思就是“虎乳养育的”。

在数千年前懵懂的原始部落生活里，人们为了生存，与荒原上的野兽进行斗争，逐渐演变为一种行为上的模式，加上相应的宗教——巫术活动，就成为一种“生产民俗”。在工具不足、人力不够的情况下，伴随一种祈求活动，人类就会把异兽或异常现象当作一种崇拜对象，或因其凶猛变成一种贿神活动，或慕其雄伟而供为祖先。这种民俗信仰，在生产实践中及心理机制上得到相应的效用，也就是狩猎时期的一种文化功能。而人类对于虎的凶猛、力量的恐惧与自然崇拜成为虎文化的最原始形式。

对于这种最原始的虎文化形式，现在的人们只能通过历经沧桑保留下来的史前虎岩画来认识了。刻画在山崖或巨石上的岩画，生动反映了数千至万年前渔猎、游牧时期的捕猎生活和原始先民的生活与信仰。新疆三大山系岩画、黑龙江萨卡奇·阿梁岩画、内蒙古阴山岩画等等岩画中丰富的虎岩画，都是源于自然崇拜和图腾崇拜最原始、最直接的表现形式，距今已有近万年的历史。

中国道教创始人张道陵据说曾在57岁时，携弟子在江西贵溪云锦山炼“九天神丹”，炼成的时候丹炉旁出现龙虎，云锦山由此改名龙虎山。而从此以后，张道陵在普通百姓的思维中即以骑跨猛虎的形象出现。

而中国虎文化的始祖，则来自于在地下沉睡了漫长岁月的“中华第一龙虎”，它堪称中国龙虎文化的起源。1975年6月，河南濮阳西水坡仰韶文化遗址M45号墓葬中发现了蚌塑的“中华第一龙虎”。墓主为老年男性，身长1.84米，仰身直肢葬，头南足北，埋于墓室的正中。墓主左右两侧，用蚌壳精心摆塑成龙虎图案。蚌壳龙图案摆于墓主骨架的右侧，头朝北，背朝西，身长1.78米，高0.67米，昂首，曲颈，弓身，长尾，前爪爬，后爪蹬，状似腾飞。虎图案位于墓主骨架的左侧，头朝北，背朝东，身长1.39米，高0.63米，头微低，圜目圆睁，张口露齿，虎尾下垂，四肢交递，如行走状，形似下山之猛虎。

据考古年代测定，这一文化遗址距今有六七千年的历史，而蚌塑龙虎图型是目前已知中国龙虎文化的最早起源。这说明在原始氏族社会晚期的信仰中，不只有了龙神，而且有了虎神，龙虎文化已同时存在。实际上，虎作为凶猛的野兽与原始狩猎民族生产生活关系更为密切，要比虚构的龙图腾崇拜物产生得更早。既然“中华第一龙虎”掀开了虎文化标志性的一页。那么中华龙虎文化是谁创造的？为什么崇拜两种动物？中华民族又何以既是龙的传人，也是虎的传人呢？

中国著名民俗学家汪玢玲教授综合冯时、段邦宁、张维华、张方等先生的研究，认为“中华第一龙虎”墓属伏羲文化范畴。中国龙虎文化始自远古伏羲和女娲的两个部落融和的龙虎图腾崇拜，由西北到中原扩散，直至全国各地。

远古时期的中国，许多原始部落，尤其是中国西北的游牧民族，多以虎作为图腾对象。在中国的历史文化中，伏羲、女娲被认为是中华各民族的原始共祖。近年来，一些历史学家、民族学家，对伏羲、女娲进行了深入的研究，认为伏羲、女娲其实是远古时期两大部落的代表。伏羲是生活在中国西北以龙、虎为图腾的羌戎部落的代表，女娲是生活在北方黄河、渭河流域的以龙、蛇为图腾的人首蛇身形象的部落代表。二者的结合形成了互为纽带的中国龙虎文化。

河南省濮阳市西水坡遗址出土的“中华第一龙虎”。它已深埋于沼泽地下约6000年，主要是3组用蚌壳精心摆塑的龙、虎等动物图案。这3组蚌塑图案前所未见，代表一种特殊的含义，其中一组被考古家们誉为“中华第一龙虎”。其左侧的蚌塑猛虎头朝北，背朝东，身长1.39米，高0.63米。

中国崇虎观念从远古的旧石器、新石器时期的虎岩画、“中华第一龙虎”，到史前文明的伏羲时代初见盛行，并形成虎图腾崇拜，已有近万年的历史。此后历经炎黄时代升华为龙虎文化，通过夏、商、周三代进入虎文化繁荣期，表现形式益愈丰富多彩。自商周以来，有关虎方、西王母等诸多记载以及出土的远古遗迹中，均出现了虎图腾的迹象，甚至可以发现在某些时期某些区域内，虎图腾凌驾于龙图腾之上。如在青铜器龙虎纹饰上，常以虎为主体而龙为配饰。河南安阳出土的司母戊大鼎，据说是商

虎为百兽之长，它的威猛和传说中降服鬼物的能力，使得它也变成了属阳的神兽，常常跟着龙一起出现，青龙白虎于是成为降服鬼神的一对最佳拍档。

杭州虎跑泉边的雕塑。相传，唐元和十四年(819年)高僧寰中(亦名性空)见此处风景灵秀，便住了下来，但苦于缺水。一夜，忽然有神人在梦中告诉他："南岳有一童子泉，当遣二虎将其搬到这里来。"第二天他果然看见二虎刨地作穴，泉水随即涌出，故名为虎刨泉，后变为虎跑泉。

在古代，一些重要职位的印绶上会有虎的雕像，以突出其职位的权力和重要性。

伏羲女娲像，多为人身蛇尾交缠状，寓意阳光雨露滋润万物生长。以前为了强调中国人是“龙的传人”，大多把源远流长的伏羲文化称之为“龙文化”。而事实上，虎和龙都是伏羲时代先民们的图腾对象，虎文化曾经同样是伏羲文化的主要内容之一。

虎的形象不仅仅被统治阶级利用，民间同样有着广泛应用。虎头帽在中国的许多地区都是孩子们的重要衣饰之一，它寄托长辈们对孩子的关怀和期望。

王武丁为他母亲铸造的礼器，大鼎的耳部铸有两个相对直立的虎，两虎口部对着一个人头，人作蹲踞状。商晚期的戊箙卣，中间为虎头纹，两侧配置夔龙纹，已经形成虎显龙隐的格局。湖南宁乡出土的商代虎乳人卣，全形塑作坐虎形，前肢抱一断发文身的人物，头置虎嘴之中，都是人虎结合的象征，别具风格，有似虎乳人或人虎交媾的形态，当是虎图腾崇拜的表象。

毫无疑问，以伏羲为代表的远古羌戎部落与虎有着十分密切的关系，虎是他们所崇拜的神圣图腾。伏羲部落经过长期分化，形成十几个支系，与其他部落相互影响、融和，形成了现代的中华民族，这就是为什么说我们既是龙的传人又是虎的传人。

时至今日，在南方的一些与伏羲古羌人有渊源关系的后裔民族中，仍然保留着虎崇拜的习俗。如土家族、白族皆崇白虎，以白虎为图腾；彝族、纳西族、傈僳族则崇黑虎，以黑虎为图腾。可见，虎曾长期被人类视为守护神，这种信仰深入当时的人心，并一代一代流传下来，直到现在，许多民族中虎图腾的遗迹依然如此清晰。

两仪生四象
——虎在中国古代哲学中的意象

对中国古代建筑稍有了解的人都知道，中国历史上有规模的王朝首都，往往会按照“左青龙，右白虎，前朱雀，后玄武”的布局进行建设，因为四象神兽在中国传统文化中代表着东西南北四个方向。封建帝王们一厢情愿地设想，这种按照四象格局建造起来的伟大首都将赢得四神兽的庇佑。显然，作为

白虎是孟加拉虎的一种变异，经常被误解成患上白化症，其实不然。真正患上白化症的老虎身上不会有条纹。而孟加拉白虎有正常的黑色或深褐色条纹。白虎的出现是基因突变造成的。

四象中的一员，白虎在中国古代哲学意象中也占据着重要的一席之地。

在遥远的远古时期，生活在中国这片土地上的人们创造出了中国古代哲学体系，分天地万物为阴阳，继而又以四象加以划分，分别代表东西南北四个方向。后来四象又进一步被融入风水学、星相学等内容，作为某种神秘规则的一部分，给当时的人们以种种指导。

通过文献记载和文物图案，人们不难发现，“四象”，即青(苍)龙、白虎、朱雀(鸟)、玄武，亦名“四神”、“四灵”。它们是中国古代象征宇宙、表示方位的四种神灵。四象起初是源于远古时代人们对天象及星宿的信仰和膜拜，是对浩瀚宇宙、日月星辰运行变幻规律的粗浅认知，加以原始迷信、图腾崇拜、人文历法、社会意识和审美理想的影响而形成。上古先民应农事需求观测“天象”，在“万物有灵”观念的指导下将自身的行为、意愿、情感、能力和整个生命都投射到客体世界中去，并通过想象和幻想而幻化出这种超自然超现实的神奇动物，“应物取象”，指导人们的日常生产生活。

日月星辰运转反复，生生不息，变幻莫测，又似乎对世间万物产生着不可抗拒的影响。从春种秋收的农事到潮汐涨落的自然现象，无不左右着人们的日常生活。远古的人们对抗自然的力量弱小，头顶这片广袤的天空显得无限神秘，他们不自觉地会对种种天象顶礼膜拜。起初，由于认识所限，人们的这种崇拜是朦胧的，认为天意不可抗拒。但他们逐渐发现，天象似乎有一定规律可循。经过细致的观察和系统思考，古人以恒星为背景观测日月及五星的运行，即以恒星为标志说明日月及五星运行的位置，把大体黄道、赤道附近的恒星分为28个星区，每个星区各取一星为主，作为一宿，共二十八宿。古人又根据四个方位星宿排列的形状，与地上的青龙、朱雀、白虎、玄武形象相近，遂借用它们的称谓来命名天空四方的神秘星宿，且每象指代二十八宿中的七宿，即，东方苍龙（角、亢、氐、房、心、尾、箕）、北方玄武（斗、牛、女、虚、危、室、壁）、西方白虎（奎、娄、胃、昴、毕、觜、参）、南方朱鸟（雀）（七宿：井、鬼、柳、星、张、翼、轸）。由此中国古代的人们形成了自己的哲学体系。这在《淮南子·天文》、《史记》以及《汉书》、《后汉书》、《魏书》、《隋书》等

在中国传统文化中，青龙、白虎、朱雀、玄武，分别代表东西南北四个方向，四种动物被赋予某种神性，而在人们的生活中起着重要的作用。

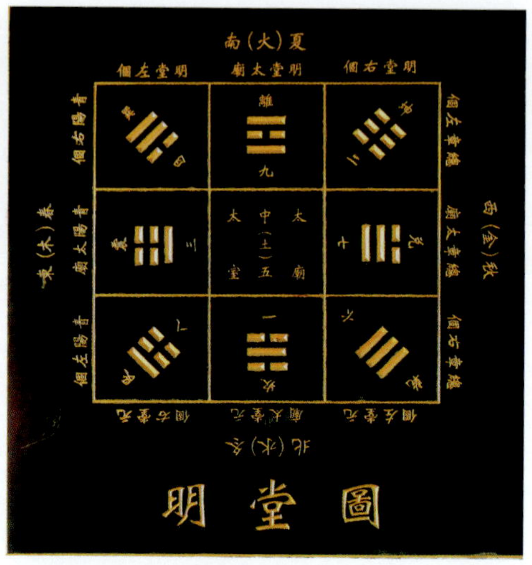

许多人相信八卦源自于周文王的《易经》，但实际上，彝族同样有着类似的八卦，一些学者认为，彝族八卦来自于他们的虎图腾和虎文化。右上为彝族的八卦图。

正史《天文志》中都得到释证。

何以选择这四种动物呢？这是因为它们在远古时代一直是人们心目中的尊贵圣物。《说文解字·龙部》：“龙，鳞虫之长也。能幽能明，能细能巨，能短能长，春风而登天，秋风而潜渊。”《易》曰“云从龙”。《说文解字·虎部》：“虎，山兽之君。”《易·乾》“云从龙，风从虎。”孔颖达疏：“虎是威猛之兽。”朱雀又称朱鸟，指的是凤凰，《说文解字·鸟部》：“凤，神鸟也。”《大戴礼记》：“羽虫三百六十，凤凰为首。”《汉书天文志》：“北方玄武，因以为北方神名。”《说文解字·龟部》言：“龟，旧也”许慎以“旧”训“龟”，为声训，“旧”犹“久”，取之谐音。人们取此四种神物也表达了对天和天上星辰的无比敬畏。

“四象”的说法形成于春秋战国，流行于秦汉乃至唐代。具体到白虎这一哲学意象，作为四象的重要组成部分，它的形成和发展与四象文化的形成和发展是同步的。

在春秋战国时期，四象被运用于军营军列，成为行军打仗的保护神，将“四象”分别画在旌旗上，以此来表明前后左右之军阵，鼓舞士气，达到战无不胜的目的，其中白虎旗位于行军右翼，旗上飘6根飘带以标示。这使得四象被运用的范围更加广泛。

到秦汉时期，四象得以更大范围地发展，在这个过程中，道教发挥了极其重要的作用。古人将其与阴阳五行、五方五色相配，故有东方青龙、西方白虎、南方朱雀、北方玄武之说。董仲舒在《春秋繁露》中是这样记载五行的："左青龙（木），右白虎（金），前朱雀（火），后玄武（水），中央后土。"其对应关系如下：

水 北 ▶ 黑色 ▶ 玄武
金 西 ▶ 白色 ▶ 白虎
土 中 ▶ 黄色 ▶ 帝王
木 东 ▶ 青色（或蓝色、绿色）▶ 青龙
火 南 ▶ 赤色 ▶ 朱雀

四象的人格化归功于道教。它不仅仅沿用古人之说，将青龙、白虎、朱雀、玄武纳入神系，称"四灵"作为护卫之神，以壮威仪，还给予了他们封号。据《北极七元紫延秘诀》记载，青龙号为"孟章神君"，白虎号为"监兵神君"，朱雀号为"陵光神君"，玄武号为"执明神君"。不久，玄武（即真武）的信仰逐渐扩大，从四象中脱颖而出，跃居"大帝"显位，青龙、白虎则被列入门神之列，专门镇守道观的山门。

或许正是因为四象的地位和力量在发展中不断被强化，自汉代以来，四象的发展逐渐融入祥瑞文化的色彩，分别代表了不同的吉祥寓意。其中白虎和青龙因为体相勇武，其形象多出现在宫阙、殿门、城门或墓葬建筑及其器物上，主要地被人们当作镇邪的神灵。

追根溯源不难看出，"四象"的产生和发展代表了远古时代人们对天象运行规律的模糊认识和信仰。后逐渐被应用于军事，与道家的阴阳五行学说结合，并且不断地与吉祥文化相融合，逐渐成为中国传统文化中不可或缺的重要组成部分。

而在其他三象之外，白虎逐渐被尊为战神和杀伐之神，具备了避邪、禳灾、祈丰及惩恶扬善、发财致富、喜结良缘等多种神力。在二十八星宿之中，它代指西方七宿，是西方的代表。而西方在金木水火土为主要内容的五行学说中属金，为白色，由此可见，白虎之名不是因其白色而命，而是根据五行命名的，它最初在本质上应该不是指代一只白色的虎，而是泛指威力强大的虎。

日本列岛没有老虎，但在源于中华文化的日本文化中，虎的意象却并不陌生。日本战国时期的著名军事家政治家武田信玄即被称为“甲斐之虎”。在日本的绘画中，虎的形象也极为凶猛。

虎神彩绘木面具，现收藏于中国南京博物院。

人假虎威
——人类如何“盗版”虎的力量与权威

虎的吼叫声低沉雄壮，声震山野。百兽听到虎啸，惶恐无度，闻声先遁，连人也概莫能外，所以在中国历史上才会有将虎的权威与勇力摹效与同化的传说存在。

在与万物百兽斗争的最初期，人们见识了虎的力量，于是尊称这种威猛有力所向无敌的对手为百兽之王。它自古以来令人敬畏，也被视为威武勇猛的象征。渐渐地，人们认识到用虎的形象、图形、名号可以使人畏惧，于是人类将其权威和力量通过多种形式用于战争和武术，以期击败对手，赢得胜利。

在中国历史上，常常将勇猛的战将冠以带有“虎”字的职位和称号，以期达到将虎的权威与勇力摹效与同化，从而获得虎一样的威烈勇猛能力，并且将军队冠以“虎旅”的称号。如《诗经·鲁颂·泮水》称勇武之臣为“矫矫虎臣”，称威猛勇健之士为“虎贲”。《尚书孔氏传》云：“（虎贲）勇士称也，若虎贲兽，言其猛也。”汉朝有“虎贲中郎将”、“虎牙大将军”等最高、最有权威的军衔。《汉官仪》记载之所以称为“虎贲中郎将”，是为了表示其猛怒如虎的奔赴。人们还将武将的勇猛气概称为“虎威”，武将的营幕称为“虎帐”，大将拜君称为“虎拜”。与此相类的还有“虎士”、“虎夫”、“虎将”、“虎校”、“虎旅”等。另外，中国历代都以龙虎

将军衔赐武职官员，其中有代表性的是元代，用虎符及虎贲将军称勋爵及军职，《元史》多有记载。《元史·伯颜列传》记载伯颜就曾被元武宗特赐蛟龙虎符，拜尚书平章政事，领职右卫阿速亲军都指挥使达鲁花赤。元世祖时的千户郑鄩也因有战功，被升为万户并赐配虎符。又元世祖至元二十九年（1292年）春，授“高德诚管领海船万户，配双珠虎符。”元成宗元贞三年（1297年），“以虎贲军改为虎贲亲军都指挥使司”。

在战争中，每一方都希望自己的军队获得虎一样的威烈勇猛能力，故而常冠之以“虎旅”的称号。

《元史·阿答赤列传》："阿答赤……子斡罗思由宿卫升金隆镇卫都指挥使司事，赐一珠虎符。天历元年，谕降上都军凡若干数，特赐三珠虎符，升本卫都指挥使。"

其实说起虎符，尽管元代似乎最为流行，它的最早出现却是在春秋战国时期。那时它主要由铜铸成，秦始皇时改用玉石雕成，是帝王授予臣属兵权和调发军队的信物，取喻虎之威猛——需要注意的是，这与前面所说的代表官职及勋爵的虎符并不一样。这种虎符背面刻有铭文，一分为二，右半存于朝廷，左半发给统兵将帅，任何调兵遣将均需要两半虎符相勘，两半相合则为真，即按令行事。否则为伪，将帅可以不接受命令。可见虎符即军令是军权至高无上的凭信，代表最高军事权威。公元前257年，秦围困赵都邯郸，信陵君与魏王夫人如姬及门下宾客秘密谋划调兵救赵的故事使得虎符这一调兵凭证家喻户晓。

另外，在行军打仗中，战旗、战车上往往也被或者绘画或者装饰虎形象，增加威力。例如早在春秋战国时期，四象就已被运用于军营军列，成为行军打仗的保护神，将"四象"分别画在旌旗上，以此来表明前后左右之军阵，鼓舞士气，达到战无不胜的目的。部队行军时，左翼部队打青龙旗，右翼打白虎旗，前头部队打朱雀旗，殿后打玄武旗。其中白虎旗位于行军右翼，旗上飘6根飘带以标示。《礼记·曲礼上》对此有记载："行，前朱鸟（雀）而后玄武，左青龙而右白虎，招摇在上。"《曲礼》乃儒门七十子后学所作，陈皓注曰："行，军旅之出也。朱雀、

有时候，用虎来形容军队也有突出其残暴的意思。例如秦始皇强大的军队常被六国称为"虎狼之师"。其实"残暴"这个词具有主观性，大概只能适用于人。而虎从不为残暴而残暴，它在人眼中所谓的"残暴"，本质上是食肉动物的一种本能。

玄武、青龙、白虎，四方宿名也。”又曰：“旒（旗子上的飘带）数皆放之，龙旗则九旒，雀则七旒，虎则六旒，龟蛇则四旒也。”在战场上，给皇帝传达诏令的车上要插绘有白虎的幡旗。唐朝讳虎字，称白虎幡为“白兽幡”。晋朝的礼制，以白虎象征威猛，主杀，故督战用白虎幡。驺虞（白虎黑文）为仁兽，故解兵罢战用驺虞幡。后来也作为传布政令之用。

除此之外，兵车上也常画虎以示威严。《汉书·韩延寿传》说，东郡太守韩延寿即在兵车上画虎，王莽也在车上饰白虎，“以尊新室之威命”。而迎接所谓“奇士”巨无霸时，则“以大车四马，建虎旗，载霸诣阙。”武士着虎文衣服，车上画虎、饰画、“建虎旗”，则是希望通过对虎的形象的模拟仿效，获得虎一样的强劲威猛的性情。作为军旗，无论二十八宿真形旗还是六丁六甲旗，都有虎的踪迹。旧题周吕望所撰兵书《六韬》，“虎韬”即为《六韬》之一，可见虎在古代军事中，无论借形还是借名，用途颇广。《虎荟》云：“前有士师则载虎皮，以旌悬真虎，兵众将接，则当如虎之威猛以敌之也。”车载虎皮，旌悬真虎，可以使兵众威猛如虎，车、旗、衣服上画饰虎形，也会带来同样的效应。

在漫长的历史中，除了借用虎的名号和绘饰以壮声威之外，还有以“虎贲”之军、借虎皮或猛虎形象赢得战争的战例。

中国最早的传说有远古的黄帝在涿鹿阪泉，率领以熊、罴、狼、豹、貙、虎等为图腾的部族大败炎帝之事。这里的种种猛兽应是各部落的图腾，于是其部落中的武装力量便以猛兽之名指代。根据《尚书·牧誓》的记载，到了商朝末期，周武王率领“戎车三百辆，虎贲三千人，擒纣于牧野。”可见其牧野之战胜利的取得赖于其精锐主力即“虎贲三千人”。西周宫廷卫戍部队的官员名为“虎贲氏”，虎贲氏下辖虎士800人，都是勇猛像虎的人。

到了公元前687年，中国正值春秋时期。齐国在长勺之战中被鲁国击败后忿忿不平，又联合宋国，采取南北夹击的办法，发兵再攻鲁国。鲁国大夫公子偃观察敌阵之后认为，宋军的军容不整，可以先袭击，宋军败，齐军便会不战而退。他要求率兵出击，庄公不许。而后公子偃不惜冒着抗命的罪名，偷偷从南面的雩门派出小部队，蒙着“皋比”（皋比即虎皮，可能还带着虎头面具）首先突进宋营，宋军以为鲁国有猛虎出战，吓得斗志殆尽，庄公也率大军跟进，大败宋军于乘丘，齐军也只得撤军回国。

类似的例子不止一个，《左传·僖公二十八年》记载，晋侯与楚人战于城濮。楚国联合了陈国和蔡国的军队，声势浩大。晋军主将胥臣以虎皮蒙马，先攻薄弱的陈、蔡联军。陈、蔡的军队见身蒙虎皮的战马突至，惊恐万状，纷纷奔往楚军的驻地，致使楚军的右师溃败，并造成楚军全局的败绩。

南北朝时期也有扮虎作战的案例。这个时期是中国历史上的一次大变局，汉族政权式微无能，只好偏安江南，北方游牧民族各部落相继南下中原，纷纷建

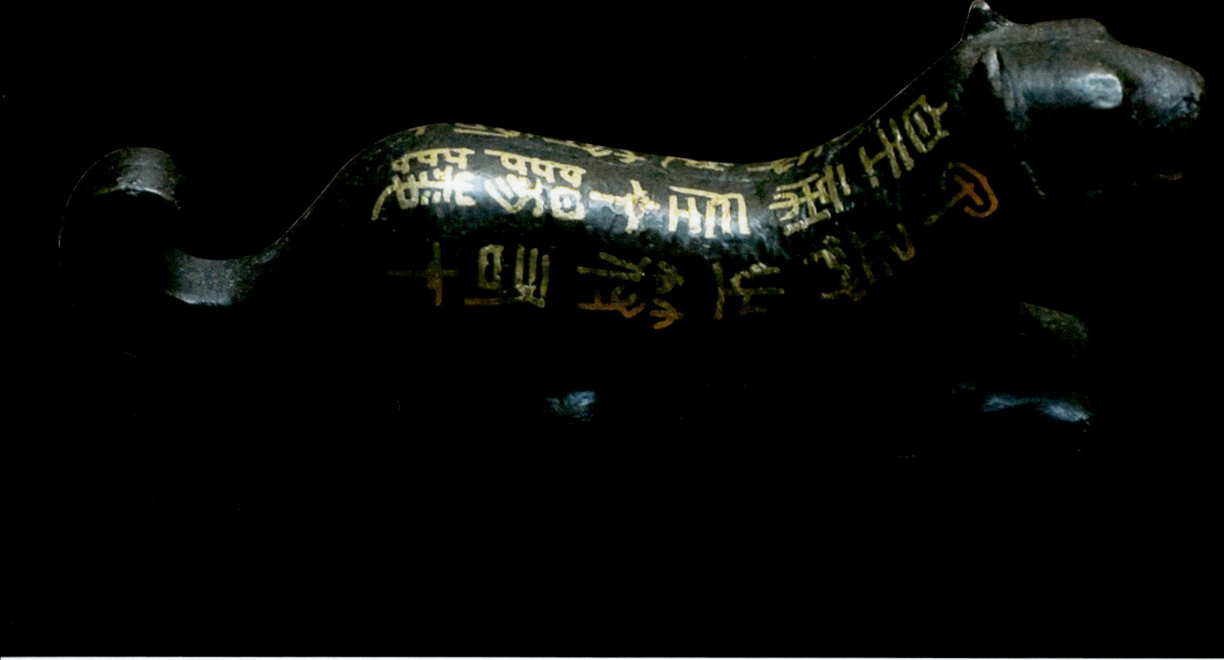

秦代的阳陵错金铜虎符，据说出土于山东临城县，现藏于中国国家博物馆。

虎纹铭文戈，出土于重庆，是巴文化的代表，昭示着彼时巴人对于虎的崇拜，现藏于三峡博物馆。

立政权，其中的鲜卑拓跋氏连续攻占了黄河以北广大地区，于公元420年在平城（今山西大同市）建都，史称北魏。到北魏孝文帝元宏时（471～499年），迁都洛阳，继续向南扩展实力，以“众号百万”的军队攻打南阳，却遭到实力非常悬殊的南阳太守房伯玉的成功防守。《资治通鉴》记载：“宛城（南阳）东南隅沟上有桥，魏主引兵过之。伯玉使勇士数人，衣斑衣，戴虎头帽，伏于窦下，突出击之，魏主人马俱惊；召善射者原灵度射之，应弦而毙，乃得免。”这次战斗是用很少的人，打扮成老虎的样子，在魏孝文帝必经的桥旁设伏，突然发起攻击，使魏孝文帝和他率领的兵马惊恐后退，急召人射箭才逃出险境。这是以虎的凶猛形象，在战场上震慑敌军的典型战例。

除了上述对于虎的权威的各种借用方式之外，在兵器、装备中，也多有虎的形象被利用。1984年，考古学者在河南偃师二里头遗址4区11号墓葬中，发现了兽面型铜牌，由青铜铸成，长圆形，中部是弧状束腰，近似鞋底的形状，两侧各有二穿孔钮，可以系绳。正面微凸，用许多碎小的长方形绿松石片镶嵌成兽面，出土时，铜牌置于死者的胸部。死者起码是位军事将领，死后仍以战场上的威仪进行装殓。 这面铜牌属于夏代遗物，在当时是一件罕见的工艺品杰作，披在胸上既可以显示将领的身份，战场上又可防箭矢的伤害。二里头文化遗址不仅出现了军事装备的胸甲、剑、戈、矛、钺，还有战盔、盾牌，上面的纹样装饰便是虎头纹和兽纹。有的青铜钺和戈上铸有虎头和兽面。

安阳殷墟西北冈M1004墓中，也发现了数十具头盔，样式很多，大多是圆帽形，前额铸有虎头纹，后有护项，两边有护腮，顶上有直立的圆管可插丝缨或羽毛。

汉代有“重毂”车，就是在车轮的车毂处再加一毂。还要“左画青龙，右画白虎，系轴头。”这是二千石以上的官员和贵族所乘的车辆，大概也用于作战。

另外，作战时，军帐饰虎称为“虎帐”、“虎幄”。装弓的弓袋称“虎韔”。作战的武器有虎头刀、虎头钺、虎蹲弩、虎蹲炮、虎囊弹等等。

纵观古代的军事全貌，战场上的将军和兵士被称为“虎臣”、“虎贲”，身披青铜兽面胸甲，或手持虎纹盾牌，或挥舞虎纹剑、戈、矛、钺，头戴虎头铜盔，身驱绘有虎头兽面的战车，并且在马的前额还戴着铜兽面的马冠，真真是虎旅雄威，所向无敌。虎的权威与力量被充分“盗版”到现实中，并起了实实在在的作用。

由于《水浒传》在中国民间的普及，武松打虎的故事家喻户晓。这样的故事反映的其实也是人类对世界以及对自身的认知阶段。在以虎为图腾和视虎为保护对象的时代，武松都不太可能受到民众的欢迎。

从英雄到敌人
——虎身份和命运的双重转变

当人类从愚昧中醒来，在智慧的第一道曙光的引领之下改造自然的时候，他们见识到了自然的神秘与伟大，不自觉地向造物主以及其他自然实体下跪朝拜。虎的勇猛也让他们印象深刻，以至于“谈虎色变”，于是在许多部落中，这种具有强大力量和权威的猛兽成为了图腾。人们向它进贡膜拜，希望这只神兽保护这些脆弱的人们，而不去计较也无法计较虎在现实中对人类的生命安全构成的威胁和伤害。

而随着时间的推移，人类的智慧不断突破以前的限制，一次又一次发展到新的境界。随着人类认识自然和改造自然能力的不断提高，人类对于虎的伤害的应对能力大大提高，虎图腾崇拜观念渐转淡薄，而虎对人类造成的伤害则凸显了出来，彷佛是个历史的玩笑，在不知不觉中，虎的角色由人们顶礼膜拜的对象转而变成了人类的敌人。同时，随着人类智慧与科学的不断发展，虎的某些部位、器官及各种虎产品所具有的独特价值（尤其是药用）和作用逐渐被人类发掘，并越来越全面地得到利用，也促使人们开始猎杀老虎。于是，基于维护生命安全和利用虎产品的目的，一场旷日持久的人虎大战爆发，并不断延续，最终导致了虎种群的濒临灭绝。

在中国三四千年前的原始文字记录中，就有人们猎虎的事件的记载。殷商时期，河南安阳殷墟出土的甲骨文中所记载的猎物中就有虎。春秋战国时期，虎吃人已经是人们熟知之事。《礼记·檀弓下》中著名的“苛政猛于虎”故事便记录了“泰山侧”有虎连吃3人的惨事。而“子路杀虎”的掌故，更充分体现出当时不但士人杀虎已很普遍，甚至连杀虎所取部位都有了讲究。更有秦昭襄王时，以白虎为首的群虎在今陕西省中部、西南部和成都平原、四川省东部伤害千余人，使得秦昭襄王重金招募杀虎者杀虎。

秦汉以来，出现了越来越多的虎食人记录，伴随着出现的是越来越多的打虎故事。西汉李广射虎、东汉法雄息虎狼之暴、刘昆崤黾驿道驱虎、宋均除虎、童恢捕虎、南朝张敬儿射虎等打虎事件，不胜枚举。

自秦汉至元末明初，人类社会的发展历程呈曲线上升之势，虽然历经了一些战乱频仍的波折时段，但在总体上，人口日益增多，生产力日益提高，经济发展水平也不断提高。为了满足日益增加的人口生存需要和各种社会生产生活的需要，人们不断开辟和利用新的土地和资源。森林山地以其蕴藏的丰富生物资源、矿产资源、土地资源等，逐渐成为人类社会开发活动或个人生产生活的新领地。而这些地域正是虎的生活领地，人虎冲突逐渐升级，打虎事件增多，但这种猎杀也主要以偶然性、片段性为主要特点，以个人打（猎）虎为主。大量的打虎英雄故事的记载体现了这一点，因此，对于虎种群的数量变化影响并不明显。

但到了明清时期，人们猎杀老虎的形式有所改变。这一时期在中国历史上是一个前所未有的开发高潮时期，在山区，人虎冲突加剧，虎患频发，经常会出现官府领导和组织捕虎以消除虎患的现象。例如，康熙五十一年（1712年），西乡县多次发生虎患，其中第二次大规模虎患时，当时的知县王穆悬重赏招募打虎将进山打虎，3年之内射虎64只。官府捕杀老虎的数量明显比明代以前的个人打虎要多。限于打虎工具的相对原始性，这时期猎杀老虎的数量还未使其达到毁灭性的地步。

或许在历史上虎由于庞大的数量的确曾让人类不安。但时至今日，当野外虎踪再难寻觅的时候，人们想象中的这种敌人不得不以一种柔弱的姿态，被纳入到保护之中。

真正对虎的命运产生决定性影响的是20世纪中期至后期短短三四十年的时间。这时随着打虎工具的不断演进，枪支猎杀老虎的效率和数量大大提高，再加上如火如荼的“除害兽运动”，直接导致中国虎的数量濒于灭绝。这一时期由于人类开发活动的地域不断扩展，尤其是在华南的丘陵山地区域，山地海拔低，人类开发活动历来较多，人虎遭遇、人虎冲突常有发生，因此华南虎被划归到与熊、豹、狼同一类的有害动物之列，猎人们“全力以赴地捕杀”。一场持续了近20年如火如荼的大规模“除害兽运动”就此展开，华南虎种群自此遭受重创，一蹶不振，直至濒临灭绝。东北虎也由于过度捕猎和盗猎而遭到大肆猎杀。

虎对人造成了威胁和伤害，所以武松那样的打虎英雄在当时备受敬仰。但到了近现代以来，当人们的狩猎手段和效率大大提升以后，打虎便不再是一件困难的事。这一时期对虎的猎杀，除了出于维护生命安全的需要之外，还有一个原因，那就是利用虎及虎产品。在中国传统中医典籍的治疗理念中，虎之全身，几乎所有部位都有治疗作用，都有医药价值。据历代本草学文献所记，虎骨、虎膏、虎肉、虎血、虎肚、虎胆、虎肾、虎皮、虎睛、虎须、虎脑、虎爪、虎牙、虎鼻、虎尾等虎产品，均可入药，具有不同疗效。如眼睛可治疗癫痫症，尾巴可治各种皮肤病，胆汁可治儿童痉挛，虎须治头痛，虎脑治懒惰及暗疮。而虎骨是最有价值的。

许多患有风湿、肌肉劳损等疾病的人都用过一种叫做“麝香虎骨膏”的中药。其实虎骨是中医药中最常用、最具药用价值的虎产品，一般是制成虎骨酒、虎骨散和虎骨胶等。虎骨药用历史悠久，始载于汉代的《名医别录》，在历代的医书如唐《新修本草》、《药性本草》、宋代的《本草衍义》、明代《本草纲目》、清代《得配本草》等均有对虎骨的详细记载。《中国药典》1963、1977年版也将其收录，在中国传统中医药中已有千余年应用历史。 药理作用研究发现，它的强筋健骨等诸多功效的物质基础极有可能与其含有的无机元素和有机类物质（骨胶原、氨基酸等）有关。

长久以来，中国的传统医学都认为，虎骨性味辛，微热，归经；入足少阴经血分，具有祛风、定痛、健骨强筋、镇静、止痢、除骨哽的功效。适用于风湿痹痛、筋骨拘挛、屈伸不利、腰膝痿软、四肢麻木、惊痫、久痢脱肛、恶疮等症。而现代医学研究认为虎骨具有抗炎、镇痛、增强机体免疫力、促进骨折愈合的功效。适用于关节炎、风湿、腰膝酸软无力、骨质疏松等疾病。在临床中有数十种中成药都以虎骨为原料。

对虎骨的药用部位，历代本草也有一番研究。最早认为头骨尤良，发展到唐代认为主筋骨风急痛，胫骨尤妙，发展到宋代也用脊骨，到了明代，头骨、胫骨、脊骨皆药用，并且强调不同病症应用不同部位，各从其类。虎骨的炮制方法，唐代有炙黄、炙焦，炙黄捣碎，酒渍服。发展到宋代炮制方法最多并已成形，有十余种方法。明代出现醋煮炙黄、酒洗醋炒、烧灰等法；并且许多医药书籍记载有虎骨的炮制方法。清代基本沿用前世之法。

由于人类对于虎的持续猎杀，虎的数量锐减并且濒临灭绝。随着文明的进步和动物保护思潮的兴起，虎的保护开始引起人们的关注，成为国际重点保护的濒危野生动物。中国于1988年颁布了《野生动物保护法》和《国家重点保护动物名录》将虎作为国家一级保护动物严格予以保护。根据中国《陆生野生动物保护实施条例》和《濒危野生动植物物种国际贸易公约》的有关规定，国务院于1993年5月29日下发了《关于禁止犀牛角和虎骨贸易的通知》，全面禁止了虎骨的贸易并取消了虎骨的药用标准，将虎骨从《中国药典》中删除，禁止使用虎骨及虎骨组成的制剂。

早在20世纪60年代，中国即已开始虎骨代用品的研究。学者们通过对虎骨和对其他动物骨在理化、生化性质、组成相似性及药理、药效方面寻求、研制虎骨代用品。自1987年以来，中国科学院的专家们发现产于中国青海高原的一种叫作“塞隆”的动物骨骼，性微温，味辛咸，无毒。具有舒筋活络、散寒止痛、强筋健骨及增强人体抵抗力等效用。不仅具有虎骨的功效，而且较虎骨药力奏效更快，是虎骨的理想代用品。之后，又于1996年研制成功人工虎骨粉。

尽管最初由于认识上的局限，中国野生虎在一段时间内遭受了不小的损失，但很快人们就纠正了对虎的认识和做法，将虎作为保护动物严加保护的举措，这对于虎种群的保护起到了至关重要的作用。中国将虎骨从《中华药典》中剔除，并寻求虎骨替代品的研究，都为虎种群的保护作出了巨大贡献。

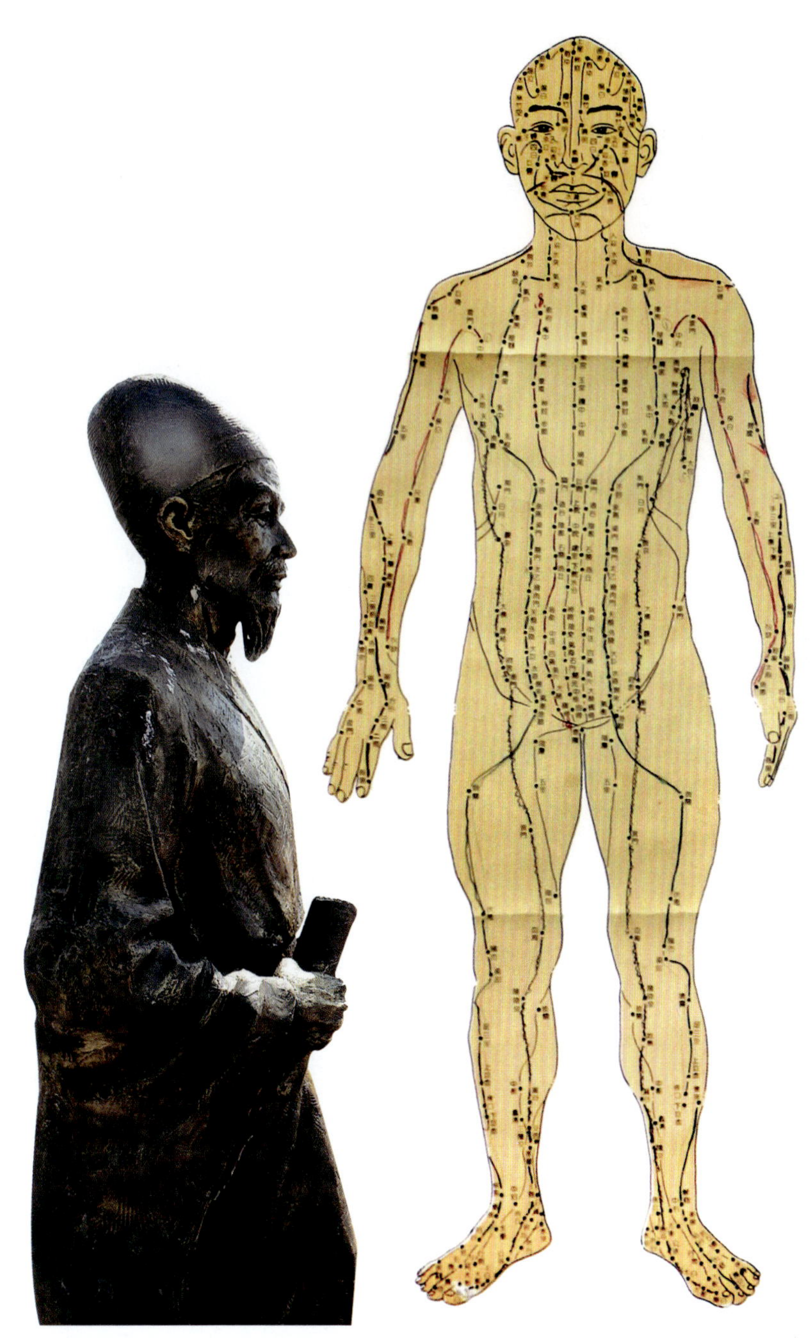

李时珍在中医历史上有着里程碑式的地位。当初他确定虎的某些器官骨骼等的药用价值的时候，所参考的依据是什么已经无从知晓。但如果知道有一天虎会有在灭绝边缘徘徊，这位伟大的医学家大概不会在《本草纲目》中添上虎的相关条目。

在中国传统文化中，认为属虎的人外见宽容，内心刚强，好勇好誉，但为人慈悲，有舍己成仁之气，亦有英雄侠义之心。

人以群分
——中国人的十二分之一

古代中国，采用的是天干地支纪年法。子鼠、丑牛、寅虎、卯兔、辰龙、巳蛇、午马、未羊、申猴、酉鸡、戌狗、亥猪，十二种动物，十二地支，两两相配，周而复始。十二生肖，既表示了时间序列，又指示了空间方位，同时让每一个中华文化圈的人都可以按自己的农历出生年月找到自己的生肖，可以说是跟随人一生不变的生命符号之一。这一人类社会的奇特现象，广泛地介入了中华文化的各个领域，也是中华民俗文化的一个最具特色和代表性的组成部分，是古代文明的标志，完全有资格成为世界非物质文化遗产的一部分。

那么何谓生肖呢？“生”指出生年，“肖”是肖似，所以“生肖”又称“属相”，“相”是面相，“属相”即面相何属。根据《中华生肖文化及其保护与开发研究》课题组的研究，所谓“中华生肖文化”是在中华民族形成和发展的过程中所创造的，以中国的十二生肖（属相）或十二地支为主要内容的，或以它们的字符、图案为特征标志的各种文化特质的总和。中华生肖文化作为中华民族传统文化的重要组成部分，具有标示性、永久性、认同性和传播性的特点。

作为一种生命力极强的传统文化，十二生肖文化自产生以来，即与人们的社会文化生活密切相关。它产生的年代久远，至今已有数千年的历史，它在中国文化中的地位可谓根深蒂固，对中国文化的影响也极为深远。在中华文化圈里，对每一个人而言，生肖寻常得如同饮食起居，却也在某种程度上左右着人们的生活。当每个人降临人世间，相应的年份，便有相应的十二种动物之一与之相配，从此他将被打上这种生肖的烙印，直至死去。尤其难能可贵的是，中国的生肖无高贵低贱之分，所有的人一律平等，都根据出生的具体时间被赋予不同的生肖，换句话说，街头乞丐可以和王侯将相拥有相同的生肖。

从纪历到推算年命，到推算人一生的命运，生肖在人们头脑中的影响可谓深矣，其影响人们的时间可谓久矣。自生肖文化产生以来，在全中国所有人口中，每一种属相的人都占了总人口的十二分之一左右，由此衍生出了异常丰富的生肖文化，包括虎生肖文化。

而提到生肖文化，首先需要弄清楚的就是天干与地支的关系。中国早在尧舜时期，即以甲乙丙丁戊己庚辛壬癸十个符号为天干，不久又用子丑寅卯辰巳午未申酉戌亥十二个符号为地支。在商代的甲骨文中，已明确记有十二支的名字，并用它与天干相配，循环往复，用以纪日，谓之“干支纪法”。这种干支纪日法后来又被用于纪月纪年。在东汉建武三十年，即公元五十四年，干支纪年在中国大地上成为定制。

用十二兽与十二地支相配以纪年，并作为人的生肖，是十二支派生的结果。至于二者为何相配并无定论。有说十二生肖的形成是受到原始图腾崇拜心理的影响。由于远古渔猎时期及向农耕过渡时期的先民以捕猎牧畜为生，崇拜动物，奉为图腾，于是习惯于把自然界各种现象（如星的位置）同动物的形状联系起来。因此，在天文学上有金牛、狮子等星座的称谓。十二生肖也是受此影响而来——但它来于何时，却是个争议颇多的问题，学术界目前尚未有一致的答案，有人认为始于史前，有人主张始于春秋，还有人坚持始于东汉，另外有一些人则觉得应该始于魏晋南北朝时期。据张珊珊综合各种考古实物资料和历史文献分析，认为生肖文化的发展经历了萌芽期、发展变化期、成熟期、广为流传期等几个阶段。它的发展经历了如下的过程：

在封建时代，属虎女子出嫁时往往要多报或少报一岁。因为有算命先生把前半夜出生的属虎女子谓之“上山虎”，后半夜出生的谓之“下山虎”。认为上山虎是吃饱回来，故尚有回旋馀地；而下山虎则饥肠辘辘，定会伤人，万不能娶。其实这些说法毫无根据可言。

早在三千年前的夏商时期，干支体系成熟，并已开始纪历，生肖文化开始萌芽，生肖动物已经出现在甲骨文的记载之中，并在人们的生产生活中占有重要的地位，但是这一时期干支与生肖动物尚未发生任何联系。战国时代，阴阳五行说兴起，方士们将干支纪日与十二支所属动物相对应，并联系十二支的五行属性，即寅卯属木，巳午属火，申酉属金，亥子属水，辰未戌丑属土，用来解释种种自然现象，推算祸福灾异。这种推算法一直延续到秦汉，当时所谓日者，就是以操此术为职业者；生肖与地支逐步联系起来，并慢慢确定了下来。秦汉之初，秦简中出现了十二生肖的雏形，可以看出当时逐步产生了南北两套生肖体系，其中一种流传了下来，成了主流，而另一种则转入了三十六禽体系中。东汉时期，十二生肖正式见于文献记载，生肖铜镜至迟在新莽时期已经出现。隋唐五代时期，十二生肖陶俑及壁画在墓葬中出现，并流传到了周边国家，如韩国、日本、越南等地。宋元以来，十二生肖的玉挂件及工艺品日益增加，做工也日益精美。到了清代，十二生肖甚至进入到圆明园及颐和园等皇家园林之中，可见其影响日隆，到封建社会末期，连帝王家也开始使用并欣赏十二生肖饰物及十二生肖石、十二生肖铜像等。这种生肖文化一直延续至今。

而生肖文化起源于何地则是另外一个尚未破解的悬案，学术界也有不同的观点和认识，但是，从历史记载和目前的考古发现来说，生肖文化应该是发源于中国中原地区。东汉王充的著作《论衡》中对十二生肖有较为系统的明确记载。从他在《物势篇》、《言毒篇》、《讥日篇》中的记载可知，十二生肖的概念在东汉已相当清楚。另在《周书》卷是以《晋荡公护传》中，对生肖属相已有详细说明，并且涉及到地域，如：“昔在武川镇生当兄弟，大者属鼠，次者属兔，汝身属蛇。”

围绕着十二生肖，人们编织出许许多多动人的故事，生发出形形色色的习俗。如老鼠嫁女、艾虎驱毒、玉兔捣药、腾蛇驾雾、天马行空、封猴挂印、鸡日迎春、灵犬异事等等充满想象的有趣的故事，及春夏秋冬的节令习俗，尤其是将生肖作为祥瑞的象征，在民间广为流传。古代的建筑、陵墓，以及服饰、器皿等用品中大量出现了十二生肖动物的图案和形象，譬如腾云的“龙”，矫健的“马”，斑斓的“虎”，皎洁的“兔”等等，都具有象征吉祥的意义。

十二属以寅为虎。寅，属于十二地支的第三位，方位是东北东方，如以一天的时间来看，是清晨三点至五点之间，正是黎明的前奏，若以四季来分，则是正月，正是草木孕育新芽的时期，表现出欣欣向荣即将来临的气象。《论衡·物势》

曰：“寅，木也，其禽，虎也。”《说文》解释“寅”字曰：“寅，髌也。正月，阳气动，去黄泉，欲上出，阴尚强，象宀不达，髌寅于下也。”表明春天将始，阳气上升，虽上有冻土，一定能破土而出。《风俗通义》云：“虎者，阳物，百兽之长也，能执搏挫锐，噬食鬼魅。”正代表“寅”的特性。以寅配虎，表示初春的阳气似虎似的有执搏挫锐、勇猛顽强的战斗气概。

生肖文化不仅在过去，而且在当代中国，都仍然延续着自己的存在意义。如今的人们学会了根据生肖判断工作以及日常生活中的一些重大的事情。人们总在说某年是什么年，适合做什么事等等。由于虎的凶猛威武，衍生出的民间虎生肖文化也有其两面性。如人们认为寅年生人，外见宽容，内心刚强，有好勇好誉之性，但为人慈悲心深，有舍己成仁之气概，好出风头，有侠义之心。除此之外，虎年及虎年生人有许多因联想附

有关十二生肖的起源，历代学者众说纷纭。有人认为由黄帝制定，有人认为起源于中国北方的游牧民族，还有人认为是由古巴比伦传入中国。事实上大量的文献资料证明，生肖的确起源于中国，是华夏先民动物崇拜、图腾崇拜以及早期天文学的结晶。图为蒙古高原史前先民自然崇拜的场景。

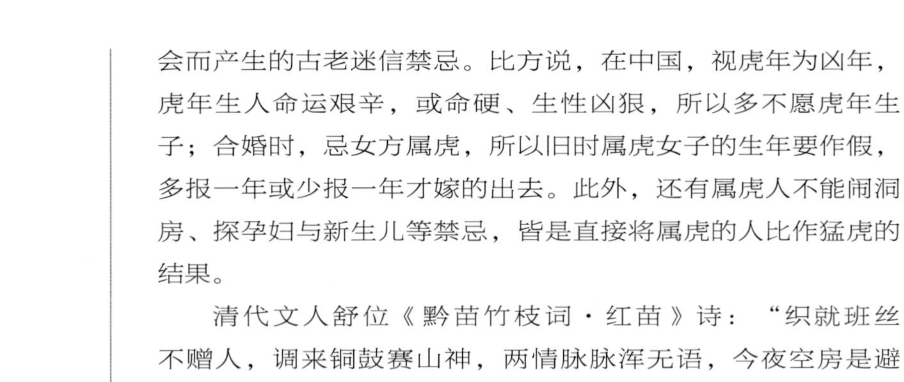

会而产生的古老迷信禁忌。比方说，在中国，视虎年为凶年，虎年生人命运艰辛，或命硬、生性凶狠，所以多不愿虎年生子；合婚时，忌女方属虎，所以旧时属虎女子的生年要作假，多报一年或少报一年才嫁的出去。此外，还有属虎人不能闹洞房、探孕妇与新生儿等禁忌，皆是直接将属虎的人比作猛虎的结果。

清代文人舒位《黔苗竹枝词·红苗》诗："织就班丝不赠人，调来铜鼓赛山神，两情脉脉浑无语，今夜空房是避寅。"(注：红苗惟铜仁府有之，衣服悉用班丝，女红以此为务。击铜鼓以鼓舞，名曰调鼓。每岁五月寅日，夫妇别寝，不敢相语，以为犯有虎伤。)寅为虎，谁敢违背避寅习俗，五月寅日若夫妻同房而眠，老虎就会伤害他们。是一些地方民间流传的避寅习俗。

生肖文化不仅广泛分布于中国广大的汉族地区，而且在中国少数民族地区以至国外也普遍流传，影响着人们生活的方方面面。周边受汉文化影响较深的国家都有十二生肖，甚至一些欧美国家的人，只要学过汉语，对十二生肖都是耳熟能详的。

先来看看生肖文化在中国少数民族地区的流传。

中国少数民族地区普遍存在着十二生肖文化。新疆维吾尔族人很早就使用十二属配十二制的历法，柯尔克孜族是维吾尔族中最古老的一支，所使用的十二肖兽的排列次序与汉族的一致，但是用"鱼"和"狐狸"取代了"龙"和"猴"。估计这与他们在古时候的游牧生活有关。藏族纪年也用生肖，据说是唐朝文成公主出嫁松赞干布时带入西藏的。藏历的生肖纪年法还是用于寻访班禅转世灵童的重要因素之一。蒙古族的十二生肖纪年不以"鼠年"为始，而是以"虎年"为首，而且把"鼠"和"牛"置于最后，即虎、兔、龙、蛇、马、羊、猴、鸡、狗、猪、鼠、牛。草原上放牧，最怕的是猛虎，所以把"虎"置于十二生肖之首也属情理之中。海南黎族的十二生肖以鸡起首，而以猴殿后，但在十二肖兽中以"虫"取代"虎"，这大概与海南岛无老虎而虫多有关。

其中最值得一提的是彝族"虎历"，以虎为首，至今仍在以虎为图腾崇拜的中国彝族地区使用。彝、白、纳西、土家、傈僳、哈尼等操彝语支语言的各少数民族都使用过太阳历，唯在彝族人民中首先发现并保留最多，因此又称彝族十月太阳历。

国外的生肖文化

古老的华夏文明源远流长，十二生肖之俗自然也流传到了受中华传统文化影响的周边国家。随着各国文化的交流和融合，生肖文化传播也越来越广。

中国的周边国家中如泰国、越南、印度的十二生肖与中国的十二生肖大同小异，出于一个体系。

越南的十二生肖以猫代替了兔，即：鼠、牛、虎、猫、龙、蛇、马、羊、猴、鸡、狗、猪。这是因为越南在历史上，深受中国文化的影响，据说，这是由于当初翻译上的差错所致，因为“卯”与“猫”同音，卯兔即被误译为猫。

印度的十二生肖几乎与中国完全一样，只是用狮取代了虎，即：鼠、牛、狮、兔、龙、蛇、马、羊、猴、鸡、狗、猪，其产生年代也无确切记载，据估计与汉代相当。不过，印度的生肖文化有其本身的体系特征，是否由中国传入还有待考证。

泰国、柬埔寨的生肖文化与中国相同，不过柬埔寨的十二生肖顺序是从牛开始的。泰国的十二生肖虽与中国相同，但顺序则从蛇开始。经考证，干支文化是通过越南传入泰国的。素可泰时期泰人的十二生肖纪年法源于柬埔寨，柬埔寨的十二生肖纪年又是从中国经越南传播出去的。本世纪初，法国汉学家伯希和认为，“柬埔寨与占波、暹罗并用十二生肖，与中国同。其合干支甲子与中国制无异，似由中国输入者也。现在柬埔寨之十二生肖，为一牛、二虎、三兔、四龙、五蛇、六马、七羊、八猴、九鸡、十狗、十一猪、十二鼠。”占波古地在今越南中部，暹罗为泰国旧称。据研究表明，柬埔寨十二生肖的名称并非高棉文，似乎系中国南方某一地区方言。因此泰国、柬埔寨的十二生肖也源自中国，经由越南传入。缅甸则是八大生肖，不标志年，也不表示月，而是以星期几为依据。

日本学者认为，日本的十二兽是由中国传入的，传入年代当在奈良时期(公元8世纪)前。据日本古代文物“十二支雕刻石板”表明，早在1300年前日本便有子为鼠、丑为牛、戌为狗、亥为猪的说法了。日语读十二支，将子读为鼠、丑读为牛等表明地支和十二兽是同时传入日本的。

自隋唐时期开始，生肖文化传入了朝鲜半岛，并且很快融入了当地的民俗，一直流传至今，因此朝鲜半岛上的生肖文物也很多。

除了中华文化圈有生肖文化之外，在欧美文化圈中也有生肖文化现象存在。如古代巴比伦的十二生肖兽是猫、犬、蜣螂、驴、狮、公羊、公牛、隼、猴、红鹤、鳄。埃及和希腊的十二兽历是牡牛、山羊、狮、驴、蟹、蛇、龙、猫、鳄、猿、鹰。墨西哥的十二兽历也有生肖观念，其中虎、兔、龙、猴、狗、猪六种与中国全同，其余六种则为当地所常见的动物。

由此可见，十二生肖文化不仅在中国汉族，在少数民族地区及世界各地都产生了很大影响，是人类文明进程中具有普遍性的产物，是人类对时间及其自身关系所作的诗意而又充满神秘色彩的把握，十二生肖文化有着深刻内涵，展示了不同民族不同国家共同的认识，其价值不言而喻。

日本的生肖文化也较流行，只是兔被猫所代替，不知是否是当初传入时为了对居于生肖首位的鼠有所制约。毕竟在食物匮乏的古代，鼠是人类粮食的主要偷窃者之一。

幻化的美丽
——虎在文学艺术与民俗中开拓的领地

从虎走上人类祭坛的那一刻开始，它的“王者之风”和斑斓多彩的雄姿便激发了中国历代艺术家的审美情愫，他们在雕塑、绘画、裁剪、装饰等诸多方面，都出现了内容极为丰富的虎的意象。虎的形象也在各种艺术加工中不断变化，多姿多彩。

从茹毛饮血的时代走到现在，人们在艺术作品中更是留下了形形色色的虎形象，既有传神写照、惟妙惟肖的造型艺术，如陶塑、石刻木雕、青铜艺术、绘画、邮票及工艺美术，也有感物动情，寄意精微的诗词、寓言。神虎的形象经千百年人们的创造再创造，由啖食生灵的凶相变成天真有趣、温顺可亲的样子，成为人们各种形式的保护神和好朋友。

在陶瓷艺术上，早在商代遗址中就出土有灰陶制的卧虎，头特别突出，样子像是受到主人训斥后俯首退缩一样。在商王武丁的妻子妇好墓中，出土了很多小型玉雕，有的是带在身上的玉佩，有的是儿童玩具，其中的小玉虎，有坐式和卧式，都是头大，四肢短小，或虎身细长，像是出生不久的娃娃。而在汉代画像砖及一些石刻中，虎的形象多为细长，但英气不减，有灵动之美；汉瓦当中表现四方神兽之一西方白虎的形象，则于细长中更有曲线之美。唐代铜官窑出土的褐陶虎玩具，卧着闭目养神，宋代白釉褐花虎哨，造型又像驯服的小狗。

“画龙点睛”的故事在中国耳熟能详，人们对那条画上了眼睛便破壁腾空而去的龙印象深刻。但其实在中国绘画史上，“画虎点睛”的故事要比“画龙点睛”的故事还早数百年。晋人王嘉在《拾遗记》中有“烈裔刻虎”的故事，说秦始皇二年，有个名叫烈裔的画工，雕刻了两只工艺精美的白玉虎，他刻的玉虎栩栩如生，拂拂欲动，仿佛真虎一样，只是没刻眼睛。秦始皇看见，便觉不足，派其他画工在夜里给老虎画上眼睛，不料天亮时老虎却飞走了。第二年南郡的人民又献上两只玉老虎，秦始皇细细一看，认出是烈裔所刻的飞去的一对玉

民国时期著名画家张善子擅长画虎，图为他的《虎渡衔子》画轴，现藏于南京博物院。

在河南省商丘市民权县王公庄村，由于销售虎画带来了可观的收益，很多农民都放下锄头专职绘制虎画。王公庄村因此也被称为“中国画虎第一村”。这是他们埋头绘制《百虎图》的情景。

虎，就命人赶快去掉虎眼，玉虎才留了下来。这故事正和南北朝时画家张僧繇画龙点睛的故事如出一辙。一方面形容画家神笔，另一方面也说明龙虎原为神物，具有灵性。可见在秦汉，画虎和雕虎工艺水平已经相当精美。

南朝梁时吴人张僧繇是名噪一时的大画家，他的作品不但造诣高，“思若涌泉，取资天造”，画像栩栩如生，他画的斗龙格虎图十分生动，且都有所本，如《吴主格虎图》就取材于《三国志》孙权射虎事。

到了唐代，一代大画家吴道子的知名弟子卢楞伽画有《六尊者像册》，其中便有熊龙伏虎图，广为人们赞颂。

而在清乾隆年间，传教士画家郎世宁也曾画了一张虎画，收在王伯敏《中国绘画史》中。画面是两棵并生松下的一只走虎，平静地走来，张口环睛，长尾拖地，是静态中的“走

虎”。此外清末还有一位画家名缪一虎，号壁虎，湖南常德石板滩人，是专画壁画虎图的，中年时曾在寺庙壁上画有子母虎，远近闻名。

到了近现代，虎作为绘画题材也更受到欢迎，画虎专家也层出不穷。如四川内江县的张善仔、岭南派画家高剑父、高奇峰，画虎著称的国民党革命派代表人物何香凝以及国画大师张大千的弟子胡爽盦等，不胜枚举。

除此之外，在民间年画中，出于祭祀、求吉、审美的需要，虎作为门神也常常出现。

在中国农历除夕日，人们将画有猛虎的图张贴于大门之上，趋吉求福。这主要是因为虎作为猛兽，形象威武可畏，故而以之为神，守护住宅。其风俗由来已久，当不晚于周代。《周礼·地官·师氏》有云：“居虎门之左，司王朝。”郑玄注：“虎门，路寝门也。王日视朝于路寝，门外画虎焉，以明勇猛，于守宜也。”门上画虎御凶，汉代已很盛行。至晋代、唐代依然很盛行，晋干宝《搜神记·佚文》：“今俗法，每以腊终除夕，饰桃人，垂苇索，画虎于门，左右置二灯，像虎眼，以祛不祥。”唐段成式《酉阳杂俎》记录了唐代“俗好于门画虎头”之风俗。旧时中国华北一带每逢除夕，喜在正厅悬挂年画《镇宅神虎图》，出自清代，画面浓墨工笔画一大虎，

虎威重神武，可王可霸，同时又是吉利、祥瑞的象征。在中国不少地方的方言中“虎”与“福”谐音，人们总爱把虎奉为一种吉祥物，寄予着美好的期冀。

古人认为，虎子刚出生三天，即有食牛之气。至今在中国的一些地区，还有人在祈子的同时塑虎像，即是希望自己生的孩子能像虎子一般雄健而富于勇气。

虎在中国传统剪纸艺术中是一个极为重要的意象。图为河南省许昌市民间艺人创作的《百虎图》剪纸长卷中的一部分，展示了虎家庭中其乐融融的情景。

下有三把宝剑插地。云南一幅《本境山神土地之神》（清代）年画，画中山神作武将装束，手持宝剑。土地即社神，管一方之神，作老者神像，戴便帽，左手持卷，右手持杖。二神前卧一黑虎，两下角书“威镇山川”四字。今云南丽江纳西族以“雷霆白虎之神”为门神，可视为古代习俗的遗存。福建漳州地区则有《五福图》（画五只猛虎，谐音五福）一类的年画；山东潍坊一带则有《神虎图》的年画，都可视为古人除夕门上画虎习俗的流变。

古代早已有用剪纸图案避凶趋吉的习俗，并长期流传向剪纸艺术发展。这种艺术形式久为传承，极富地方民族特色。在这种艺术形式中，虎是其中一种非常重要的题材。

东北地区，长白山满族剪纸始流行于明代，其剪纸中有很多嬷嬷神，即老太太神，其中有管子孙繁衍的，管儿女婚姻的，也有管进山不迷路的，叫威虎嬷嬷神，即母虎神，是早期剪纸题材之一。另外，作为山神的虎在长白山剪纸之中随时可见，最为著名的是努尔哈赤少时入山采参打猎遇虎的故事，由满族剪纸艺术家侯玉梅创作。《打虎》剪出了猛虎是张口怒目的凶态，而努尔哈赤则尖顶帽后翘起长发辫，两腿跨虎背，猛击老虎，场景栩栩如生。而在《挖参》中，引领努尔哈赤挖参的虎则温顺得多。

西北地区的虎剪纸造型要可爱、温和，憨厚居多，富人情味，造型丰富。陕西安塞高金爱剪的《爱虎》，是一个温驯善良的虎妈妈，肚里怀着三个小虎崽即将出世，虎妈妈小心谨慎地保护虎仔的安全，富有人情的母爱。 山西静乐县的《骑虎》则表现年轻人骑在虎背上，虎欢快地与人对话的亲密无间关系。安徽的《虎吃五毒》剪纸，虎头剪得很大，头上生双角，还顶着一个“王”字，样子滑稽可笑。还有河南、甘肃的虎剪纸，都喜气洋洋。

民间艺术家们所塑造的虎没有凌驾于人之上，而是生活在人们身边、生活在人们心中的可爱形象。

在20世纪八九十年代以前，农村儿童缺少玩具，于是母亲往往积碎布头等缝制为布老虎，以为儿女玩耍之道具。布老虎的丰富多彩，立虎、卧虎、细尾虎、矮脚虎、悬胆鼻虎、水滴鼻虎、蚕虎等等，名目繁多。自然生态中的虎是橙色或黄色毛皮，黑色横纹，而民间布老虎则有黄色、橙色、红色、绿色、紫色、蓝色、白色、黑色等，还有的在虎身上用几种颜色的布组成。

布老虎是中国传统的民间艺术，它源于民间百姓对虎的崇拜。著名民族学家刘尧汉认为：虎崇拜最早源于伏羲时期，并早于龙图腾。

由于各地的审美、风俗的差异，不同地方的布老虎的形态也不相同，有不同的审美情趣。北京传统的布老虎造型，保留所谓金睛白额大虫的气魄。虎身用黄布，头部白眉白鼻阔嘴，圆眼睛特别突出。河南灵宝的布老虎用白色布制作，以墨线勾花纹，再用粉色、橙色晕染，头上扎桃形耳，额部绘有绿色红光的太阳，眼的两旁画半片艾叶。陕西洛川则有黑色的布老虎和白色的娃娃虎，娃娃的下体与虎的臀部相连，虎身用彩线绣出各种花卉。各地的布老虎形象不一而足。

现在年龄稍长一点的人对虎头枕、虎头帽、虎头鞋等都不陌生，后者也都因虎有避邪祛魅的功用而被人们使用。唐中宗韦皇后的七妹喜制“豹头枕”、“白泽枕”、“伏熊枕”等，实际“白泽枕”就是虎枕，因为高宗祖名虎而避讳“虎”字，虎头枕可“辟魅”。而使用虎头帽的习俗也较早。南宋临安过端午节时，官宦人家剪彩胜，扎小虎头缀到妇女头上，这种风俗在秦朝就有了。“秦始皇好神仙，常令宫人梳仙髻，贴五色花子，画为云凤虎飞升。” 流传到后来，则多给小儿戴虎头帽，希望用虎的威慑力，使妖魔望而生畏，来庇护小儿生命。做虎头鞋也是自汉代就有了，称为“伏虎头”，就是在鞋的前头绣上伏卧的虎。

在陕西，有送布老虎的育儿风俗。小孩满月时，舅家要送去黄布做的老虎一只，进大门时，将虎尾折断一节扔到门外。

送布老虎是祝愿孩子长大后像老虎那样有力，折断虎尾，则是希望孩子在成长过程中免灾免难。山西各地则流行送老虎枕头的育儿风俗。每逢小孩过生日，当舅舅的要送外甥一只或一对老虎枕头，既可当枕头，又可当玩具，还表示祝福。

陕西华县一带流行“挂老虎馍”的婚姻风俗。迎新前，男方的舅家要蒸一对老虎馍，用红绳拴在一起，新娘一到，便将老虎馍挂在她颈上，进门后取下，由新郎新娘分食。值得一提的是，此馍还有公母之分，公老虎馍的头上有一个“王”字，表示男子要当家为王；母老虎馍的额中有一对飞鸟，表示妻随夫飞。每个老虎脖子前还有一只小老虎，表示祝愿新人早生贵子。

自200万年前，虎即生活于中华大地上，在历史的长河中与中国历代先人共生共存，从数万年前的原始虎图腾崇拜、虎岩画到六千多前的“中华第一龙虎”，再到如今蕴含丰富的民俗虎文化，虎无疑是伴随着我们中华民族的每一个脚步，每一个成长序列。从伏羲崇龙虎，与女娲结合繁衍中华民族子孙的传说，到虎方、虎后裔的少数民族至今的遗存，到人们对虎的力量和权威的应用，再到艺术形象中虎的形象，凡此种种，无不告诉我们，在以“龙的传人”而自豪的同时，不要忘了，我们同样也是“虎的传人”！

在中国的虎年，虎的形象会出现在多种艺术创作中，以寄托人们的美好愿望，图为中国传统鼻烟壶中的相关绘画，虎显得平和可爱。

呼啸山林

站在食物链顶端

虎被称作“百兽之王”，在某种意义上，它可以被认为是自然生态的一个旗舰物种。每一只野生虎都统治着一片山林，守护着一方家园，它的命运关系到整个生态系统的平衡与稳定。试想，如果连帝王都朝不保夕，他治下的人民又有何安定祥和可言？只有虎的家族兴旺了，才意味着百兽的繁荣，自然界也才能和谐稳定。

作为站在食物链顶端的物种，虎的辉煌已经成为过去，现在它们面临着灭绝的深渊。有些亚种已经彻底消失，剩余的那些也生活在濒危之中。

猫科动物是食肉目动物中肉食性最强的物种，是一类几乎专门吃肉的哺乳动物，每一位成员都是出类拔萃的猎手。

虎家族的美丽身影

1758年，虎第一次被科学命名。就在这一年，根据来自孟加拉国的老虎标本，著名生物学家林奈在第十版《自然系统》中将虎定名为*Felis tigris*，列为猫属。后来随着更多老虎亚种的发现，科学家们发现虎与豹的亲缘关系更近，于是虎又被列入了豹属，学名也改成了*Panthera tigris*，并沿用至今。

虎这种金色的神奇动物是亚洲的骄傲，不仅仅是因为它起源于亚洲，也是因为时至今日野生虎只生活在亚洲。在这片古老的大陆上，尽管不同区域的老虎有所差异，但它们都体型庞大，灵活矫健，凶猛异常，威风凛凛，让其他动物闻风丧胆。

猫科中的大型成员往往是不同生态位中的顶级食肉动物。例如在广袤的西伯利亚森林中，东北虎无可非议地占据着王者地位。

虎的头部圆而宽，颈部粗短，几乎与肩膀一样宽。由于虎的眼睛上方有一片白色的区域，因此它在中国古代也叫白额虎。唐代王维的诗中就有“射杀山中白额虎，肯数邺下黄须儿”的描述，《水浒传》中那只“吊睛白额大虫”也名声赫赫。此外，许多虎的额头部位有几条黑色的横纹，乍看如同一个“王”字，有人甚至认为这与“王”字的产生也有某些渊源。

虎的眼睛结构特殊，在弱光下比人类的视力强许多倍。它们的瞳孔为圆形，大多数个体的虹膜呈黄色，但白虎例外，它们的眼睛为绿色或偏蓝色。此外，虎的嗅觉和听觉也十分灵敏，适于夜间伏击猎物。它们的鼻子呈棕色，没有斑纹。而它们的耳朵短而圆，背面为黑色，却常常有一条显著的白斑，有人认为这条白斑在夜间比较醒目，可以帮助幼虎跟随成年虎活动。

虎的头部大而圆，甚至有时会显得与身体不成比例，但它的威慑力不会因此而受到影响，绝大多数时候，它的目光令人不由自主地感到恐惧。

虎的体长为1.4～3.3米，肩部高度约为0.8～1.1米，前肢和肩部肌肉非常发达。跟猫一样，虎的前肢有长而能伸缩的利爪，非常适宜于捕捉猎物。比前肢更长的后肢则赋予了虎较强的弹跳能力，这对它们伏击捕猎至关重要。

虎的尾长可达0.6～1.1米，尾尖部通常为黑色，没有长毛。分布于北方地区的老虎，夏毛短而平滑，冬毛长而保暖。多数虎的背部及两侧的底色呈橙黄或者黄褐色，腹部及四肢内侧近白色或白里透黄。而南方地区的老虎基本没有冬夏之分，它们的毛色往往更深。

相比于其他猫科动物，虎的形象更加绚烂，这是因为它们身上布满黑黄相间的条纹，也就是我们熟悉的虎纹。虎纹常两条两条靠在一起，顺着背部两侧垂直向下，形成俗称的“扁担花”。但有些个体的肩部、前腿或前侧面的条纹比较少。虎纹使虎具有

虎的尾巴不像云豹尾巴那样绚丽，但也别具风采。在虎奔跑的时候，尾巴的摆动可以使它保持整个身体的平衡。

无与伦比的魅力，却也是老虎被人类大量猎杀的原因之一，一些人觊觎这种美丽，为此不惜杀死这种动物。如今，一些虎亚种已经在地球上消失，另一些也已经到了濒临灭绝的地步。

不少动植物的名字里也有“虎”字，例如美洲虎、壁虎和斑脸虎，但它们都不属于虎。美洲虎是美洲豹的俗称，与老虎同属猫科、豹属，算是老虎的远亲，却和后者在体型、体色和分布区等方面都有较为明显的差别。壁虎和斑睑虎都是爬行动物，与老虎没有什么直接关系。至于爬山虎，只是一种植物，与虎无干。

由于亚洲各地的地理、气候和森林条件不同，不同地区

美洲虎又叫美洲豹，是美洲大陆最大的猫科动物，因此当地人也称其为“新大陆虎”。在大型猫科（豹亚科）动物中，它的体型次于虎和狮，排名第三。美洲虎不是真正意义上的虎，它借了一个虎的名字，美洲豹既不是虎，也不是豹。豹、美洲豹和虎这三个种都属于豹属（*Panthera*）。

的虎在形态上也有明显的差异，在不同地方也有各自独特的名称。为了统一五花八门的俗称，1968年捷克动物学家弗拉基米尔·马泽克根据虎的身体结构、产地、生活习性、毛色深浅，将它分为8个亚种：即巴厘虎、里海虎、爪哇虎、华南虎、东北虎、苏门答腊虎、印支虎（又名东南亚虎）和孟加拉虎 。这种分类方法直至今天仍在沿用，但近些年有人又主张从印支虎中分化出一个新的亚种：马来虎。本书中暂对此不予过多说明。

壁虎虽然也以虎为名，同样跟虎没有关系。它皮肤柔软，体肥短，头大，四肢柔软且常具趾垫。壁虎多在夜间活动，在壁上爬行，吃蚊、蝇、蛾等小昆虫，是一个小小的狩猎者。

东北虎

东北虎又称为满洲虎、西伯利亚虎、阿尔泰虎、乌苏里虎、白头山虎（韩国），是体型最大的老虎亚种，也是目前世界上最大的猫科动物。东北虎的体长在1.6～3.3米之间，尾长1米；体重则多在100～360千克之间。一般认为东北虎最重为384千克，但也有记录表明一只雄性东北虎达到410千克。

东北虎头部浑圆，耳朵短小，以减少北方冬季热量散失，四肢粗键，脚掌宽阔。前足5脚趾，后足4脚趾。

东北虎的体毛粗乱，虎纹不够清晰。背部和体侧有很多横列的黑色条纹，常常两条两条地靠近呈柳叶形。两眼上方各有一个白斑，前额上有几条黑色条纹，形似一个“王”字。下颏、腹部和四肢内侧白色，也有黑色条纹。尾巴上有黑色条纹，尖部为黑色。东北虎的毛发颜色和长度会随季节更替发生变化，夏季毛短，颜色深，呈棕黄色；在冬季则毛色变淡，接近淡黄色，而且毛发变长，尾巴上的毛特别丰满。这些都是在长期进化过程中，东北虎为适应北方的地理、气候和捕猎条件等而发展出来的生理特点。

作为虎的长毛亚种，东北虎生性喜寒，天气越冷它们越活跃。在春、夏、秋季，东北虎的毛色常常与周围的环境融为一体，只有在冬季下雪的时候才能见到它们最美丽的样子。

孟加拉虎是目前数量最多、分布最广的虎的亚种。曾被瑞典自然学家卡尔·林奈定为虎的模式种。孟加拉虎主要分布在孟加拉国和印度。它也是这两个国家的代表性动物。此外，孟加拉虎在中国等地也有少量分布。

孟加拉虎

由于最初的标本来自孟加拉国，孟加拉虎由此得名。但因为孟加拉虎在印度的数量最多，所以它也被称为印度虎。雄孟加拉虎体重在100～260千克之间，其体型一般比华南虎大。毛短而且相对稀少，杏黄色，黑色的条纹窄而密。

很多动物园展出的白虎要么是孟加拉虎，要么由孟加拉虎与东北虎杂交而来，由于基因突变，极少数孟加拉虎原本橙黄色底黑色条纹的毛发转变成白底黑纹，眼睛偏蓝色。白虎在野外往往难以生存，因为它们有可能在出生后被母虎抛弃，或者在捕食的时候身体太显眼而难以成功，或者难以找到合适的伴侣。1951年，人们在印度野外偶然捕捉到一只9个月大的白虎“莫罕”，通过人工饲养繁殖，现在它已经有了几百只后代，现有世界上的白虎几乎全都是它的子孙。由于白虎颜色特殊，在全世界的动物园和马戏团里都很受欢迎。但由于长期近亲交配，很多白虎后代会出现遗传缺陷，如斜视症、抵抗力弱等健康问题，对于虎的遗传贡献并不大。

华南虎

华南虎亦称“中国虎”、“厦门虎”，是中国特有的虎种，生活在中国中南部。早在19世纪初，美国人卡德威尔在厦门第一次发现了这个虎的新亚种，起名为“厦门虎”。后来，动物学家又将这种虎正式命名为“华南虎”。华南虎目前被认为是现代虎祖先的直系后裔。以前在中国20多个记录到有虎的省市和自治区中，分布最广泛的还是华南虎。另外，由于中国人口稠密，华南虎和人接触比较多，中国历史上人虎斗争的故事说的几乎都是华南虎。华南虎体型比较小，但体长也可达到2米，体重为90～225千克。

相比与东北虎，华南虎被毛要短一些，背部及两侧橘黄色中带有些许赤红色，故而颜色更深，条纹更密，颜色也接近黑色，在体侧有条纹交汇而成的菱形纹。

在仅存的几个虎亚种中，华南虎是最濒危的。近些年来专家们多次野外考察却一无所获，它的命运也越发扑朔迷离。

印支虎的形态与孟加拉虎非常相似，直到1968年兽类专家才把印支虎分离出来，作为新的亚种。

印支虎

印支虎比孟加拉虎小，雄虎体长2.7米左右，体重145～200千克；雌虎体长约2.4米，体重80～120千克。印支虎头部条纹比较密，腹部白色，背部及两侧呈深棕色。与华南虎相比，条纹短而且狭窄、体色浅。

印支虎分布于缅甸、泰国、越南、老挝、柬埔寨、马来西亚岛屿地区及中国西南部。

苏门答腊虎

苏门答腊虎体型较小，仅比巴厘虎大一些，体重在75～150千克之间。苏门答腊虎脸部周围的颊毛和胡须比较长，头部有一些硬毛，全身鹅黄色，有显著性的黑色条纹，狭窄而且比较密。

苏门答腊虎主要分布于印度尼西亚的苏门答腊岛。

12000 年前，海平面的上升使得苏门答腊地区与亚洲大陆隔绝，数以万计的野生虎在这里独立演化，形成新亚种——苏门答腊亚种。

巴厘虎主要分布在印尼巴厘岛北部的热带雨林。在被人类侵扰之前，这里水源、食物充足，是巴厘虎的天然栖息地。

里海虎曾分布在伊朗、伊拉克、阿富汗、土耳其、蒙古国及俄罗斯境内，体型硕大而强壮。在已知虎的亚种里，里海虎的体型仅次于东北虎和孟加拉虎。

巴厘虎

生活在印度尼西亚巴厘岛的巴厘虎是最小的虎亚种，雄虎体重90～100千克，雌虎65～80千克。巴厘虎的前额仅有一条单横纹，头顶和头部两侧各有3对短横纹，四肢外侧有环状条纹。

里海虎

里海虎又称波斯虎，其体型小于孟加拉虎。胸腹部和颌下的毛在冬季特别长，毛色深并发赤，窄而浓密的条纹多为褐色。

传统上，人们把曾经分布于中国西北部的新疆虎也归入里海虎亚种。

爪哇虎

爪哇虎原产于爪哇岛西部，特点是体型中等，背部及两侧的条纹狭窄。

自从分类学家根据不同地区虎的外部特征确立8个亚种后，绝大部分学者都支持这一虎亚种分类系统。但近年来，有研究人员利用现代分子标记技术对虎的遗传分化进行了长期的研究，将印支虎又分出第9个亚种：马来虎 。这一亚种分布的范围，主要涵盖了马来半岛。

20世纪初爪哇岛上仍生存着近万只爪哇虎，但仅仅80多年的时间，爪哇虎便走向了灭绝。

从远古走来

从遗存下来的化石中人们发现，虎经历了漫长的历史演化，最终由古食肉类哺乳动物进化成了现在的模样。它是长期自然进化的产物，拥有大量独特的物种遗传信息，是自然界一份宝贵的遗产。

大约在1100万年前的中新世晚期，现代猫科动物出现了，后来逐渐演化成为食肉目动物中适应性最强、分布最广的一支。从系统进化关系上看，现代猫科动物可划分为8个主要分支，而虎所在的分支（包括豹、狮、美洲豹、雪豹、美洲狮及云豹等）是最早分化出来的一个类群。

一只东北虎在悠闲地打着哈欠。在没有人类侵扰的情况下，虎存在了300万年。仅仅在20世纪初，整个亚洲尚有超过10万只虎，而今已锐减到不足当时的二十分之一。

猫科动物各种间常彼此相似，它们都体型瘦削矫健，肌肉发达。头圆而较大，颈部粗短，以便承受头和牙齿的猛烈咬啮动作而引起的震动。全身毛被密尔柔软，体色由灰色到淡红、浅黄以致棕褐色。（图片摘自《中国兽类野外手册》）

剑齿虎的体型大约与现代虎差不多，但是它的上犬齿却比起现代虎的大得多，甚至比野猪雄兽的獠牙还要大，如同两柄倒插的短剑，可能是专门用来对付猛犸象等大型的厚皮食草类动物的。

在距今700万年前的新生代第三纪上新世，大型食肉类哺乳动物开始出现，古猫类动物是从其中的猫形类食肉类动物进化出的一个分支，其他的分支还有古猎豹——它们进化为现在的猎豹，而犬齿高度特化的古剑齿虎和伪古剑齿虎在第三纪晚期灭绝。古猫类动物逐渐演化出的这些分支中，恐猫类动物、真剑齿虎类动物在第四纪冰河时期灭绝，只有真猫类动物适应了当时的环境，最终生存了下来，并分化为两个分支——猫族和豹族，其中的豹族最终进化成现代虎。

古老的亚洲是虎的故乡，目前人们还没有在其他大陆上发现虎化石。原来有学者认为，虎起源于亚洲东北部西伯利亚和中国东北平原，其后向西（蒙古、中亚、西亚）和向南（华中、华南、东南亚和印度）迁移并演化出其他亚种，其中以东北虎为最古老的亚种。但目前比较公认的观点是，现代虎来自200万年前生活于中国的古中华虎。在虎的各个亚种中，华南虎的头骨结构最接近原始虎，例如前倾的眼窝和细小的头颅，所以多数人认为华南虎与原始虎的关系最为密切。

猎豹又称印度豹，是猫科动物中的著名成员，也是猎豹属下唯一的物种。它是陆地上奔跑最快的动物，也是猫科动物成员中历史最久、最独特的物种。

距今最早的虎化石已有200万年的历史，发现于中国北部和爪哇岛上，这说明至少在上新世末期和更新世早期，虎已经分化出来并遍及亚洲南北。1920年，科学家在河南西部发现了最早的类虎动物化石，随后它被命名为古中华虎。古中华虎的绝大部分特征和现代虎都很接近，体型比现代虎小，但稍大于豹，从它的命名可以看出，科学家已将它列为虎的一个亚种。

之后不久，人们又在中国陕西发现了新的虎化石，距今已有110万年。根据判断，它除了比现代虎稍大外，已经很难和现代虎区别。之后中国东半部普遍发现了虎化石，这说明在起源之后相当长的一段时间内，亚洲大陆东部都是虎的主要活动区域。

虎是地球上最成功的肉食性动物，它们的捕杀技能和适应肉食的特化也都是最完善的，常以隐蔽、偷袭和灵巧的跳跃来捕得猎物，牙齿的刺戮和切割性能均高度特化。

古中华虎的标本非常稀少，全世界仅有3个头骨化石，一个在国外，其余2个保存在北京。

100万年前，现代虎在中国出现之后，开始向周围辐射扩散。一支向北进入俄罗斯、朝鲜和韩国演变成北亚虎，一支向西进入中亚地区、伊朗、土耳其等演化成里海虎，一支向南演化成印度虎和东南亚虎，最后一支向苏门答腊岛、巽他群岛扩散，演化成3个独特的亚种：苏门答腊虎、爪哇虎和巴厘虎。虎分布区域最西达里海和咸海（位于中亚与哈萨克西南部的咸水湖）沿岸，最东到达俄远东地区，最南到达大、小巽他群岛。在这片广阔的区域内，虎与人类和其他猛兽展开了激烈而持久的生存竞争。虽然没有哪一种猛兽是虎的对手，但在更加聪明和团结的人类面前，虎终究败下阵来，逐渐退出平原地区，而选择在山地和森林中活动。

和其他许多现存物种一样，虎的演化一波三折，并非一帆风顺。大约7.35万年前，很可能是由于苏门答腊岛的TOBA火山的一次毁灭性爆发，当时亚洲大部分地区的气候受到了严重影响，这导致了史前虎种群的大规模减少。而现在的虎由当时幸存下来的极少数个体逐渐繁衍而来。此后，不同地区的虎相互隔离并各自适应当地的生态环境，逐渐分化出不同的亚种。

由于未能横穿阿拉伯沙漠进入非洲，也没有越过高加索山脉到达欧洲，因而虎的分布一直没有突破亚洲，而成为这片大陆特有的大型食肉类动物。至于同样起源于亚洲，而狼为什么能够穿越陆桥到达美洲，越过沙漠和山脉到达非洲和欧洲，而虎却不能，是一个很有意思的问题，有待于动物学家进一步研究。

虎的狩猎场

狮子喜欢广袤的草原，在大草原上它们可以在狩猎中充分发挥群体的力量，以获得尽可能多的食物。而虎则似乎更偏爱森林，因为它们倾向于单独生活，并且大部分时间通过伏击的方式获取猎物。但与此同时，在森林中猎物也容易闪避、躲藏和逃逸，对个体的搏击技能要求更高。但不管怎么说，只要有足够的隐蔽场所、大中型猎物以及水源，虎就可以生存。它们能适应多种生态环境，包括热带雨林、常绿森林、红树沼泽、草原、稀树草原和多岩石的山地，但它们更倾向于在坡度比较平缓的森林里活动。

所有猎物都畏惧虎的强壮与勇猛，但即便在那些食物充裕、保护良好的自然生境中，虎也经常在狩猎中空手而归，捕食成功率不到十分之一。而如果缺乏隐蔽的伏击地点，它们的捕食成功率会更低。此外，为了避免自己外出捕食期间其他食肉类动物（豹、狼、熊、猞猁等）把自己的幼崽杀死，母虎也会选择隐蔽性高的地点产子，例如石窝、大树洞穴和茂密的树林下，以便在幼虎长大前有个安全的环境。茂密的森林为老虎提供了更多隐蔽场所，有助于虎的捕食和繁殖。而一旦离开森林，虎的伏击捕猎技术和隐蔽躲藏的能力都大打折扣，很容易被人类捕获或杀死，难怪有“虎落平川被犬欺”一说。

作为世界上最大的猫科动物，虎的体型和食性决定了它需

虎从不轻易消耗体力，捕食方式多采用突然猛扑的袭击方式，追捕猎物多为短距离的快速跳跃奔袭，而不擅长穷追不舍。虎在短距离捕食奔跑中，速度可达20米/秒，有时候其猎物在察觉到危险的一瞬间已成为虎的战利品。

要消耗大量的猎物，因此在老虎的栖息地中要有足够的猎物供它们捕食。以东北虎为例，平均每只虎每周要进食一头大型猎物（野猪、马鹿等有蹄类动物），每年就大约需要50只。因此老虎栖息地中猎物的种群需要维持在一定的水平，否则就不能满足老虎的持续猎杀。科学家曾计算过，每只东北虎的栖息地中需要250～500只大型猎物，或更多的中小型猎物（梅花鹿、狍子等）才能满足它的生存。而其他亚种的老虎虽然对食物和领地的需要比东北虎略小，但比起其他食肉动物仍然要大许多。因此，野生虎的健康生存不仅需要大面积的森林，还需要森林里有充足的猎物，否则它们很难在这里存活下来。

正是由于对猎物的需求量很大，老虎往往要尽可能扩大活动范围。在俄罗斯远东地区，东北虎每天可以游荡到12～20千米之外的地方捕食，而在尼泊尔，一只孟加拉虎每天也可以行走3～7千米捕食或巡视领域。虎只有巩固或扩大领域才能保证自己能获得足够多的猎物维持生存和哺育后代。

不同地区的老虎需要的栖息地面积也不一样。在理想的栖息地中，印支虎每100平方千米可以容纳4～5只成年虎。而在尼泊尔，雄虎家域面积在19～151平方千米之间，雌虎是10～51平方千米之间，其中尼泊尔皇家奇塔旺（Chitwan）国家公园平均每36平方千米有一只成年虎。

俗话说“一山不容二虎”，为了保证各自的领地，虎的栖息地一般较少重叠，而一只雄虎的活动范围经常会覆盖3～5只雌虎的栖息地。未成年或老弱的雄虎则处于游荡状态。为了建立一个

能够长期自我维持的健康种群，也就是说不同个体之间能够自由结合产子，但又不至于“近亲结婚”，至少需要20只能够自由活动和繁殖的成年母虎，总面积超过1万平方千米。如果野生虎的栖息地面积太小，就只能维持少数虎个体的生存，并最终导致该区域内虎的灭绝。

一般来说，雄性孟加拉虎的家域面积为60～100平方千米，雌孟加拉虎的家域面积约为20平方千米。在印度，每只老虎的家域大小在100～1 000平方千米之间，其中印度中部的坎哈（Kanha）国家公园老虎密度最高，在320平方千米范围内有10～15只老虎定居。由于自然猎物密度相对于南方较低，东北虎需要的家域面积更大，雌虎平均为450平方千米，雄虎往往要涵盖几只雌虎的家域，面积可达4 000平方千米（记录到的最大的东北虎家域达到10 500平方千米）。

除了在森林中游荡繁衍以外，虎还喜欢在有水的地方逗留。尤其是亚洲南部的虎，炎热的夏季里它们会花很长时间泡

在野外，除了短暂的交配时间外，很少有成年虎在一起生活。但随着人们对自然空间的不断挤压，在一些较小的虎园或虎保护区内，成年虎已经开始习惯于群居生活。

在水中来降低体温，或者潜伏在水边捕食前来喝水的猎物。老虎不仅是出色的猎手，也是优秀的游泳健将。它们能轻易游过小河，虎最长的游泳记录达到29千米。因此，河流一般不会阻碍老虎的活动，但交通繁忙的公路和人口密集的城镇却经常阻止虎的迁移。

由于虎在生态系统中处于食物链和食物网的顶端，所以它们的捕食活动在客观上对控制其他动物的数量发挥着重要作用。对此，我们的祖先很早就提出朴素的“生物防治”思想，希望通过老虎吃野猪进而控制野猪的数量，减少农作物的损失。据《礼记·郊特性》记载，中国当时每年12月举行的庆丰收“大蜡礼”祭祀的对象就包括老虎，因为“迎猫为其食田鼠也，迎虎为其食田豕也”。在中国许多地区，老虎被称为“山神爷”或“野猪倌”，也正是出于这个原因。

虎的社会结构：繁殖雌性虎各自占领领地，相互间重叠很少。一只雄虎占领3～5只雌虎的领地。亚成年虎和老弱雄虎多处于游荡状态。

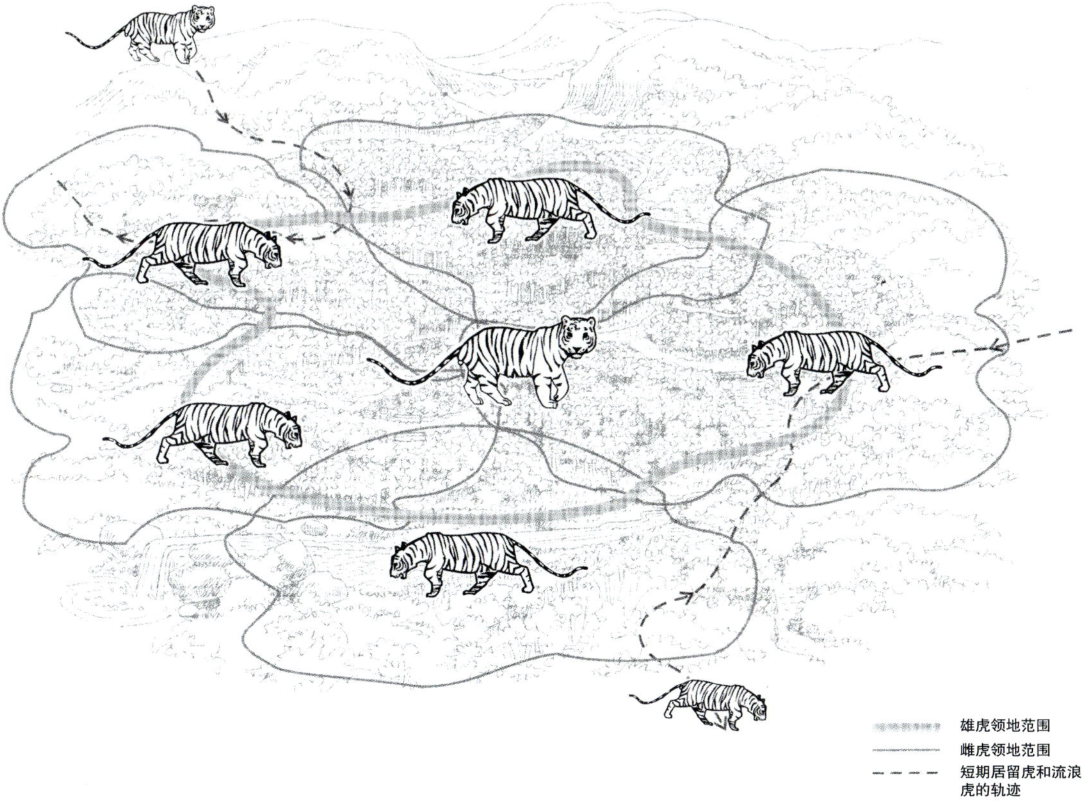

雄虎领地范围
雌虎领地范围
短期居留虎和流浪虎的轨迹

虎的生态学：猎物数量对虎的意义

捕猎是虎的拯救之路上面临的最大障碍之一

在远古时期，人类喜欢生活在平原地带，而老虎则主要栖息在森林中，即便二者的活动范围有所重叠，由于猎虎往往会带来伤亡，所以人类更倾向于狩猎大型草食性动物，因而能与虎基本相安无事。然而，随着人类的不断壮大和扩张，虎的栖息地不断被蚕食，由于野外猎物缺乏或年老体弱，一些虎会转而攻击家畜甚至是人类，再加上虎也被认为具有重要的经济价值（虎皮、虎肉、虎骨等），所以曾经有一段时期，尤其是近现代以来，虎遭到了近乎毁灭性的打击，当时的人们无不以打虎为荣。例如，在20世纪上半叶，一些印度的王公大臣和欧洲狩猎者在印度、尼泊尔和泰国等地就猎杀了数量庞大的虎。

一直到近现代以来，人们逐渐意识到这种大型野生动物对自然生态的重大意义，虎的命运才有所改观，不过这个时候它们已经变得非常稀有，被列入保护动物的行列。事实上它的数量如此稀少，以至于在俄罗斯远东地区，发现伤人的"问题虎"后，有关部门会设法把它捕捉并运送到远离人类社会的森林中。即使虎"闯了祸"，考虑到它们的稀有性，只有在万不得已的情况下，人们才会将它猎杀。

目前，全球都禁止捕猎和贸易虎制品。但尽管如此，在高额利润的刺激下，偷猎和非法贸易虎的现象还是时有发生，野外虎种群的数量要么徘徊不前，要么仍然不断下降。

适宜栖息地减少是虎面临的另一大威胁

随着人类活动的不断扩展，老虎的生存空间不断缩小。以东北虎为例，在过去100年里，它们的分布范围减少了95%。人类对东北虎栖息地的蚕食，不仅表现为面积减少或彻底丧失，而且还表现为栖息地的分割。在过去几个世纪里，大面积的原始森林遭到砍伐，或变成了城市、农田和人工林地，纵横交错的交通网络，也将虎局限在一个个"生态孤岛"中，阻碍了它们的交流和扩散。人工林地往往人类活动频繁，缺乏大中型野生猎物和隐蔽的条件，因此老虎也难以在此长期生存。另外，虽然一些森林总面积和状态变化不大，但贯穿其中的公路和铁路却对老虎构成了不小的威胁：一方面高速运行的车辆容易对老虎造成伤害，另一方面受噪音干扰，公路和铁路也会成为阻碍老虎迁徙和扩散的

野生状态下，虎主要猎食有蹄类动物。一般来说，一只虎的生存，需要领地内至少有四五百只狍子、鹿这样的中小型食草动物。

障碍。以中国东北为例，不少地区都曾有老虎分布的记载，但由于栖息地不断丧失或片段化，这些被困在“生态囚笼”中的老虎最终慢慢消亡了。

猎物的匮乏是虎保护面临的第三个大难题

人类自古以来就有狩猎的传统，这是造成自然界野生动物减少的主要原因。随着冷兵器被火器取代，人类的狩猎能力和效率大大提高。尤其是现代运输、追捕器具的应用，使无数野生动物遭遇灭顶之灾。例如在俄罗斯曾发生过乘着直升机驱赶猎物，之后从空中散下大网一网打尽的偷猎事件。随着猎物

虎的捕猎成功率取决于它与猎物的距离、虎的位置、地面植被或雪被的厚度、猎物的种类等。一般来说，虎的成功率仅有1/10～1/20，如果要成功地捕猎，它与野猪的距离应不超过30米，而与马鹿的距离应不超过20米。

的不断减少，一些栖息地甚至已经变成了没有野生动物的“寂静”的森林。

食物是动物的生存基础，尤其是虎这种大型食肉类动物，更需要栖息地中有充足的猎物可供捕食。虎平均每天需要5～6千克肉，野鸟或野兔等小型动物不仅捕捉费力，而且难以满足它们每天的需要。如果无法获取足够的猎物，虎的生存和繁殖就会受到影响。为了求生，它们不得不扩大觅食区域，甚至冒险捕杀家畜或伤害人类，引起人虎冲突，而成为“问题虎”，而这样的虎一般都不会有好结局——在一些地方，它们可能会被人类杀死。

在许多林区，偷猎者布设的套子和夹子主要是为了捕捉有蹄类动物，但是事实证明，它们对误入其中的虎也会造成伤害。近年来，在中国东北老虎分布区，几乎每年都有东北虎因为套子被误伤或误杀。

人虎的直接利益冲突是虎的命运中另一个棘手的问题

由于人类社区日益向老虎的栖息地侵袭，在虎的栖息地周围，人类的生产生活活动也越来越频繁。而面临栖息地萎缩

在过去几个世纪里，大面积的原始森林遭到砍伐，或变成了城市、农田和人工林地，纵横交错的交通网络，也将虎局限在一个个“生态孤岛”中，阻碍了它们的交流和扩散。人工林地往往人类活动频繁，缺乏大中型野生猎物和隐蔽的条件，因此虎也难以在此长期生存。

以及食物减少的野生虎，只得冒险捕食家畜，因此造成严重的人虎冲突。探究人虎冲突的根源，其实还是在人类自身。人类只有反省自己的行为，尊重自然的规律，调整和约束自己的行为，人虎才能做到和谐相处。

最近两百年以来，在人类的大规模捕杀之下，老虎一批批连续不断地死去，领地也随之布满人类的农田、道路、村庄和城镇。在19世纪早期，西至土耳其，东至俄罗斯和中国东南沿海，北至西伯利亚，南至印度尼西亚巴厘岛都有虎的分布。近一个世纪来，大规模的砍伐森林、修建道路、村镇或工农业用地的扩展，使得虎的栖息地急剧消失或被分割成孤岛状的小片林地，致使野生虎的分布区日益狭窄，目前虎的全球分布区仅占其历史分布范围的7%左右。在这一过程中，野生虎逐渐从一些原始分布区消失：伊拉克最后一只野生虎在1887年被捕杀，巴基斯坦最后一只野生虎在1906年被猎杀，东北虎1950年从韩国消失，土耳其最后一只虎则在1970年也被捕杀。华南虎的未来也不容乐观。近年来中国组织了多次野外科考，均未发现华南虎的身影。

在20世纪初期，虎的数量约有10万只，其中印度数量最多，有4万只。由于多年来大量捕杀，人和老虎直接冲突，缺乏足够的野外猎物以及越来越多的人为干扰，全球的虎数量急剧减少，到70年代时已降至4 000只左右。为了挽救这一美丽的物种，此后全球各国都加大了虎保护力度，尤其是印度建立大量的虎保护区后，虎数量在80年代中期回升到6 000～8 000只。然而，受虎制品贸易的影响，90年代全球的虎数量又降至5 000～7 400只。直至目前，全球的野生虎已不足3 500只。野生虎的总体数量仍呈下降趋势。目前全球人口接近60亿，相比之下，野生虎的数量只有区区几千只，如果再不加大保护力度，它们将很难逃脱灭绝的命运。

现在全球有野生虎分布的国家，都建立了针对虎的保护区并且颁布了严格限制虎制品贸易的禁令。但是，即便在建立了大量虎保护区的印度，各保护区之间还是相对隔离的，并不断受到外部的蚕食和居民偷猎的威胁。最近，由于保护区管理不到位，好几个印度保护区内的野生虎都被偷猎殆尽，不仅丧失了这些地区宝贵的野生动物资源，而且使多年来的保护投入也付之流水。

东北虎分布变化

东北虎曾广泛分布于从贝加尔湖到太平洋海岸和朝鲜半岛，包括蒙古国东南部、中国东部、俄罗斯远东地区和朝鲜。当时这一地区森林茂密、人口稀少，一个世纪前野生东北虎的

虎的适应能力很强，在亚洲分布很广，从北方寒冷的西伯利亚地区，到南亚的热带丛林及高山峡谷等地，都能见到其优雅威武的身影。在20世纪20年代，虎在中国尚有较大分布，数量也较多。50年前，中国虎的总数约2万只。而到了2006年，即便是原本数量较多的东北虎，也已经数量寥寥，极度濒危，更不要说已经近三十余年未发现野生个体的华南虎了。上图为动物保护组织和国内外专家制绘的不同时期东北虎的分布区域变化图。

中国东北虎面临的主要威胁是栖息地减少，栖息地被（公路、居民区和工农业用地）分割为孤立的斑块，屡禁不绝的偷猎活动，缺乏猎物而捕食家畜导致的人虎冲突。目前通过设立保护区，加大执法宣传和打击力度，野生东北虎面临的威胁有所减少。

资料显示，20世纪30年代全球的东北虎的总数还有500只，其中大部分分布于中国东北。1953～1957年中国东北虎数量迅速减少至200只，为2003～2004年的调查显示，中国的野生东北虎仅剩下16～20只。虽然经过多年保护，但中国境内的野生东北虎目前依然不足20只，并大多分布在中俄边境地区。通过政府主管部门和WCS、WWF等国际组织长期的保护工作，野生东北虎在中国境内的分布区有所扩大，不但有定居的倾向，而且呈现向国内其他地区扩散的趋势。

历史最高纪录达3 000只。由于一个世纪来人类的捕猎、开发，导致东北虎的栖息地不断丧失和破碎化。目前东北虎主要分布于俄罗斯远东南部地区（锡霍特山脉）、中国吉林的珲春地区和黑龙江老爷岭和完达山一带。朝鲜目前是否还有野生虎分布还不清楚，而韩国的野生东北虎已经消失。

资料显示，20世纪30年代全球的东北虎的总数还有500只，其中大部分分布于中国东北。1953～1957年中国东北虎数量迅速减少至200只，为2003～2004年的调查显示，中国的野生东北虎仅剩下16～20只。虽然经过多年保护，但中国境内的野生东北虎目前依然不足20只，并大多分布在中俄边境地区。通过政府主管部门和WCS、WWF等国际组织长期的保护工作，野生东北虎在中国境内的分布区有所扩大，不但有定居的倾向，而且呈现向国内其他地区扩散的趋势。

中国东北虎面临的主要威胁是栖息地减少，栖息地（公路、居民区和工农业用地）被分割为孤立的版块，屡禁不绝的偷猎活动，缺乏猎物而捕食家畜导致的人虎冲突。目前通过设立保护区，加大执法宣传和打击力度，野生东北虎面临的威胁有所减少。例如，WCS在过去10年与黑龙江和吉林林业部门合作，在东北虎的分布区开展了多次大规模的清除猎套的活动，累计收缴猎套、兽夹上万个，有效减少了对东北虎及其猎物的直接威胁。

俄罗斯远东地区东北虎种群在19世纪末20世纪初曾达到600～800只，但到20世纪30年代仅剩50～60只，1947年的调查数据是20～30只。经过半个世纪的严格保护，20世纪90年代，俄罗斯的东北虎数量回升到500只左右。然而最近几年，由于偷猎活动加剧，俄罗斯的东北虎数量又有所下降。

珲春是东北虎的重要栖息地

目前野生华南虎处境十分危急，已多年未发现野生个体，即便仍有少量个体幸存，其种群在自然界复壮的希望仍然非常渺茫。

华南虎分布变化

华南虎已被世界自然保护联盟（IUCN）列为极危的虎亚种，历史上广泛分布于中国东部地区，北至陕西秦岭—黄河一带，东至浙江福建、西至四川的青川县，南至广西、广东的南部，区域远远超过东北虎的分布范围，与印度境内的孟加拉虎的面积差不多。

华南虎的分布中心是湖南和江西，其次是相邻的广东、广西、福建和贵州。江苏和山东这些现在人口密集的地区，在人类大规模开发前也有华南虎分布。厦门、宁波、杭州、福州、南京等城市的郊区在20世纪30年代之前也有捕获到华南虎的记录，甚至20世纪30年代初，香港也曾经发现从大陆泅水过去的老虎。1948年在南昌附近也有捕获华南虎的记录。到20世纪50年代时，华南虎还分布于湖南、江西、贵州、福建、广东、广西、浙江、湖北、四川、河南、陕西、山西。甘肃会宁1953年还捕杀过一头由邻省迁移过来的雄性华南虎。

1949年之前，在中国估计有4000只华南虎。东北虎早在20世纪50年代就被列为保护对象，但直到70年代，华南虎在民间依然被当作害兽捕杀。经过20世纪50～60年代的多次“除虎害”之后，到20世纪80年代中期。华南虎的分布仅局限于长江流域，数量也锐减至150～200只。1998年，在美国“世界‘老虎年’会议”上，估计中国的野生华南虎总数为30～40只。

目前，国内一些动物园还饲养着少量华南虎个体。2000年，全国22家单位圈养了不足70只华南虎个体，但完全具有繁殖后代能力的个体不足10只。这些华南虎主要是之前捕获的6只野生华南虎的后代，包括最初饲养于上海动物园的2雄1雌、贵阳黔灵公园的1雄2雌。由于近亲繁殖，华南虎种群的遗传多样性逐渐下降，衰退的压力也不断增加。

印支虎的分布密度极低，并且它们在各地都遭到了野蛮的偷猎，其中一些国家的印支虎仅在10年间就绝迹了。

印支虎的分布变化

印支虎目前主要分布于柬埔寨、中国西南、老挝、马来西亚、缅甸东部、泰国和越南。在1998年“世界‘老虎年’会议”上，公布的野生印支虎总数为1 200～1 800只。

在20世纪90年代初期，中国境内的印支虎数量最多只有30～40只，主要分布于云南的26个县市，集中分布于西双版纳南部和临沧地区，而广西的野生印支虎分布和数量有待进一步证实。近几年中国的印支虎数量尚不清楚，唯一通过自动照相设备拍摄到照片确认的一只野生印支虎，也于2009年初在云南西双版纳傣族自治州勐腊县被偷猎者猎杀。虽然偷猎者受到法律制裁，但损失已不可弥补。

孟加拉虎的分布变化

在历史上，孟加拉虎的分布范围曾经包括印度、巴基斯坦、孟加拉国、尼泊尔、不丹、缅甸。但随着人类的持续捕杀，孟加拉虎在1906年左右便从巴基斯坦消失。到20世纪70年代时，估计印度有2 750～3 750只，孟加拉国300～460只，缅甸300只，尼泊尔150～250只，不丹50～240只。

现在的孟加拉虎主要分布于孟加拉国、不丹、中国西部边境、印度、缅甸西部和尼泊尔，总数约3 200～4 500只。中国除了云南西端可能有零星分布外，西藏东南部（如墨脱）也有孟加拉虎分布，但数量极其稀少，WCS2000年的调查估计墨脱有一个大约15只的独立种群。

苏门答腊虎的分布变化

苏门答腊虎也是被世界自然保护联盟（IUCN）列为极危的虎亚种。由20世纪70年代的1 000头急剧下降到90年代的400～500只，目前种群仍然下降趋势。苏门答腊虎栖息地已大规模减少，并被切割成碎块，其未来令人担忧。

野生的孟加拉虎主要猎物为白斑鹿、印度黑羚和印度野牛，有时也能爬树捕食灵长目的猎物。其他的捕食者，如豹、狼和鬣狗也可能成为孟加拉虎的猎物。在比较罕见的情况下，孟加拉虎也攻击小象和犀牛。在所有虎中，孟加拉虎虽然体型不是最大的，但却被认为是最为凶猛的。

爪哇虎的分布变化

早在20世纪初的时候，爪哇岛上仍生存着近万只爪哇虎。1945年印尼独立后，定都雅加达，爪哇岛上人口猛增，使爪哇虎数量迅速减少。20世纪60年代后，爪哇岛上的爪哇虎已经所剩无几，而人工饲养下的爪哇虎这时还没有繁殖成功。1980年，全世界最后一只爪哇虎在雅加达的动物园死亡了。

巴厘虎的分布变化

巴厘虎在历史上也曾有数量较多的个体，但由于巴厘虎的虎皮能在市场上卖个好价钱，它的骨头也常常被用做酒和药材。巴厘虎遭到人类的疯狂猎杀。1937年9月27日，最后一只雌性巴厘虎在巴厘岛西部的森林里被贪婪成性的猎人射杀。巴厘虎自此灭绝。

虎是典型的山地林栖动物。在南方的热带雨林、常绿阔叶林，以至北方的落叶阔叶林和针阔叶混交林里，都能很好的生活。但由于人类的捕杀和侵扰，现在其中的3个亚种再也不会在地球上出现了。

里海虎的分布变化

里海虎曾经分布于土耳其东部、高加索至哈萨克斯坦山区到中国新疆的大片区域内。土耳其在19世纪70年代还有几只里海虎，但不久灭绝。直到20世纪40～50年代，里海虎在苏联几个中亚共和国还有分布，哈萨克斯坦的老虎甚至分布到了中国新疆边界。新疆在历史上也有里海虎分布，范围包括南疆（南八城）、北疆（伊犁河到乌鲁木齐以北）和塔里木河下游，但在20世纪20年代之后消失。国内曾经有人出高价搜寻新疆的野生里海虎，但多年来没有任何线索。

虎的一生

由于栖息地的持续缩小和猎物的不断减少，虎在野外无法找到足够的食物，有时不得不把狩猎目标转向家畜。这在某种程度上加剧了它们面临的危险。

每个人都知道，虎是典型的食肉动物，它们主要捕食大中型食草动物和杂食动物——具体来说就是那些体重大于20千克的动物。但是很少有人知道，虎这种猛兽偶尔也吃一些植物，并不是因为饿了才饥不择食，而是因为这些膳食纤维有助于增加胃肠道的蠕动。

如果要给虎整理一个食谱，那么这份食谱恐怕要比人们想象的厚得多。事实上虎的捕食范围相当宽泛。一般而言，数量较多且易于捕获的中等体型猎物是老虎捕食的主要目标。不过由于各虎亚种的分布地域不同，它们捕食的动物种类也存在差异。在北方，野猪、马鹿、梅花鹿、驯鹿、驼鹿、斑羚等是虎的主要猎物，在南方，野猪、水鹿、梅花鹿、苏门羚、黄麂等是虎的主要猎物。

除了主食数量相对较多的中型食草动物外，虎对灵长类、鸟类、爬行类及鱼类都来者不拒。有报道称，孟加拉虎甚至会攻击体重达1 000千克的野牛，捕杀幼象和幼犀牛。在饥饿的驱使下，它们偶尔也猎杀金钱豹、熊、豺等食肉类动物。而在俄罗斯远东地区，体型雄壮的东北虎有时也会把黑熊和棕熊纳入捕猎范围，这超出了人们的想象。当然，人类驯养的猪、马、牛、羊、狗、鸡、鸭由于更易于捕杀，如果条件具备，也会被虎毫不客气地纳入食谱。

但许多人没有想到的一点是，虎在某种意义上也是食腐动物，腐肉对它们同样有着极大的吸引力。考虑到虎野外捕食的不易，这种行为可以理解。腐肉一般含有毒性很强的胺类和可能滋生毒素的肉毒梭菌，人类误食后轻则上吐下泄，重则中

在热带森林中，行动缓慢的懒猴也成为老虎的美食。

在领地范围内，虎对生态的平衡有很大的控制调节作用，同时对猎物的数量变化也非常敏感。所以有虎生存的地区，必须有完整的生态环境，必须有足够的猎食。

毒毙命。但虎却对此毫不在意，并且似乎也从没有因为吃腐肉而出现什么问题，由此人们推测虎胃肠道可能具有分解这些毒素的酶。从对虎的食谱分析中可以看出，虎猎食的动物种类多样，种类宽泛，这是机会主义者的特点，也由此可知虎具有很强的适应能力，这也是它们分布广泛的重要原因之一。

和群居生活的猛兽狮子不同，成年虎大多数营独居生活，但雌虎在育幼期间与虎仔一起生活。尽管曾有人见到过1只雄虎与多只雌虎及幼仔进食或休息的现象，甚至结伴同行，不过这多半是一种临时形成的群居现象，最终它们很可能还会分开，幼虎终究要独立生活。

作为单独生活的个体，每只成年虎都占据一定面积的领域，其他同类不可侵犯，否则往往意味着纠纷甚至你死我活的战争。而一只雄虎可与多只雌虎的领域相重叠，这往往是因为这只雄虎与周围的雌虎们组成了不同的家族，即繁殖单元。一般雄虎很少容忍其他雄虎分享同一片领域，而雌虎之间的领域重叠则相对多一些。

幼虎出生后一刻也离不开母虎的哺育和保护。一旦母虎掉入偷猎者的陷阱，或遭遇其他不幸，嗷嗷待哺的幼虎只能无助地等待死神的降临。

虎的亚种不同，其领地面积差别很大。例如每只成年东北虎一般占据200～400平方千米，而孟加拉虎则一般占据10～20平方千米，两者竟然相差10～20倍，显然，南北方的食物条件决定着这种差异。虎的领地大小取决于栖息地内猎物的种群密度。例如根据追踪和观测，当孟加拉虎的猎物密度在每平方千米5.3～63.8只时，对应的虎领域面积则为31.25～5.95平方千米。在食物相对匮乏而且有着漫长冬季的北方森林，一般几百平方千米才能维持一只东北虎的生存。

由此可知，老虎的领地面积是一个很大的变数，并且会随食物条件而变化。如果猎物密度高，换句话说即食物来源丰富，那么虎的领域面积就减小，反之则增加。这是一个动态的过程。而若我们谈论到底一只老虎需要多大面积的领地时，就是首先看看猎物资源的数量是多少，否则就失去了判断的依据。

如果一只虎能够顺利获得自己的领地，那么从出生到死

不同生长阶段的虎，脚印尺寸有明显差别，与之伴随的，是它们力量和生存技巧的快速增长。

亡，它的生活史大致可以分为4个阶段：幼虎阶段，这时年龄小于12个月，由雌虎喂养和照料；亚成体阶段。年龄为12～24个月，仍与雌虎一起生活并参与雌虎的狩猎活动；短暂流浪的阶段。这时它已经是超过两岁的成年虎，离开了雌虎，但还没有稳定的领域，不参与繁殖；定居繁殖的阶段。这时它拥有稳定的领域并参与繁殖。

大多数雌虎在长到3.4～4.8岁的时候开始进入繁殖期，这个过程要维持5～7年，期间每隔2～3年繁殖一次，繁殖能力较强。相比之下，雄虎更早熟一些，两岁以后便进入繁殖期，不过这段时间只能维持2～4年。这并不是因为它更早进入老年，而是因为相比于雌虎，雄虎的领域更容易被更强壮的虎所占据。一旦一只虎失去了领地，繁殖期即宣告结束，除非夺回领地或者创建新领地，否则它再也没有资格追求任何一只雌虎。

雌虎仅在发情的几天内接受雄虎，这期间它们频繁交配，而一旦受孕，雄虎就会被赶走。不同于大多数野生动物，虎全

临产的雌虎会选择人迹罕至的深山野岭，在岩穴、树洞或石隙做窝。产后的雌虎则警惕性极高，为防止有人发现虎崽，觅食时总远离巢穴。若有人或动物误闯雌虎的育仔禁区，则必遭伤害。

虎仔出生1～2周内睁开眼睛，也有刚出生三四天即睁眼的，这与它们的体质有关，体质好的睁开眼睛也早，体质差的就会比较晚。

年均可繁殖，不过这并不意味着它们在繁殖时间上没有任何倾向性。由于受到生存环境的制约，不同亚种的虎从交配到产仔显示出各自的特点。从交配季节看，东北虎集中于12月底至翌年2月，孟加拉虎则主要集中于11月至翌年4月。在高纬度的东北虎分布区，虎幼崽往往出生于春季至夏初，雌虎懂得充分利用春季到秋季的温暖时间来哺育幼仔，而当冬季来临时虎仔已长得体格健壮，体毛丰厚，在严酷的寒冬中成活的机率就大得多；而在低纬度的印度次大陆，尽管四季不分明，5～7月仍然是虎仔出生的高峰时段。其道理不言而喻，这段时间气候更温暖，猎物更丰富，更有利于幼体的成活和成长。

较之其他食肉类动物而言，虎抚育后代则更为艰难，主要原因是雄虎交配完之后即溜之大吉，留下雌虎生育幼虎，而幼虎的喂养、守护、训练及示范等责任也完全由雌虎独自承担，后者将面临诸多困难。

受孕之后的第16周，雌虎便会生产，产子量为1～7只，大多

数为2～3只，平均窝仔数为2.9只。幼崽出生前，雌虎首先要谨慎地在领域内寻找安全隐蔽的场所，譬如，茂密的灌丛或隐蔽的岩石空隙，这直接关系到幼崽的生命安全。

尽管成年虎威猛雄壮，令百兽震恐，但它出生时却只有约1千克重，眼睛也没有睁开，非常柔弱，完全依赖雌虎的乳汁生活。雌虎独自喂养虎仔，不能长时间离开虎仔外出猎食，必须快去快回以免虎仔受到意外伤害。待虎仔稍长大一点，雌虎必须猎获足够的食物才能满足幼虎生长发育的需要，十分辛苦。而当遇有危险，雌虎则要及时地叼起虎仔转移地点，否则幼虎命运堪忧。而倘若雌虎失去了自己的领域，或幼虎父亲被新侵入的雄虎取代，这对幼虎而言都将是一场无法逃脱的劫难，它将在这场劫难中丧生。

随着幼虎的长大，有一天雌虎会发现它能够行动自如了。这时雌虎会带回一些受伤的猎物供虎仔戏耍。正是在这种与受

在自然界中，幼虎的生长速度很快。1岁的小虎体重可达50千克以上，营养充足的话可达80千克。母虎带幼仔期间一般不发情，而一旦发情了，幼虎就会被迫离开母虎去独立生活。

伤猎物的接触过程中，幼虎学习到如何扑倒、控制、撕咬猎物的捕食技能。再长大一些，雌虎出去捕猎物并把捕获的猎物隐藏起来，然后返回带领虎仔前往这些贮藏食物的地点。一般到半岁以后，幼虎会随着雌虎外出并观看它如何捕猎、如何观察猎物，隐蔽自身、匍匐前进、快速出击、准确杀死猎物，这其中蕴涵着诸多的捕食技巧，关系到幼虎长大后能否成功捕猎并存活下去。

1～2岁是虎一生中最危险的时期。野生虎的寿命平均为25岁，如果把它的一生比作一条25千米的路，那么高达30%的虎仔会在这第一千米内死去，火灾、洪水、食物不足和雄性杀婴等等，任何一个要素都能扯住它们的后腿，让这种毛茸茸的小家伙看不到第二年的太阳；而在第二千米上，依然会有约20%的幼虎往往会被父亲以外的其他雄虎杀死。换言之，在25千米的生命历程中，一半的虎仔将在最初的两千米内永远停下。

而当虎走过了生命最初的两千米后，它便会立即被雌虎驱逐，不得不开始独立谋生的流浪生活。这些青年虎将度过一段短暂的流浪生活，居无定所，四处奔波，可能漂泊几十乃至上百千米，越过几个定居虎的领域，执着地寻找尚未被占据的空间。从流浪到最终定居的这段独自闯荡时期同样是虎一生中最危险的阶段。可以想象，没有属于自己的领域，经验尚不丰富且只身捕食猎物，还要遭受其他虎的驱逐，这段短暂的流浪生活对青年虎有多么艰难，它可能死于饥饿、种内攻击等多种因素。在这个意义上，在条件恶劣的野外，能走完这短短25千米的每一只虎都是一个奇迹。

离开母亲照料和陪伴的青年虎能否成功寻找到足够面积的领域，同时这片领域内是否具有优质的栖息地，从而满足老虎对食物、水源和隐蔽场所的需要，直接决定着流浪虎的未来命运。大多数青年虎难以一开始便找到合适的领地。有足够的证据表明，刚开始独立生活的老虎一般选择临近双亲的领域，尤其是母亲的领域，也可能就是占据着原来属于母亲的一片领域，随着年龄和生存能力的增长，逐渐拓展生存空间。

当然，这也是因为雌虎能够在一定程度上或短时间容忍刚刚成年的子女游荡于自己领域内，因为这多少能缓解一下独自生活初期的困难。也就是说，雌虎能够容忍成年后代在自己领地内借居一段时间，这也是一种对后代继续庇护的方式，这在

为了争夺领地，青年虎不得不与一些拥有势力范围的成年虎展开搏斗。有时它会成功，赶走年老体衰的旧领主；但多数情况下它会失败并受伤，如果逃得慢，则难免被杀死而成为胜利者口中的食物。

虎的世界里是一件了不起的恩惠，甚至会改变一只青年虎的命运。

自然，每只流浪虎都希望找到一片未被占据的领域，这是所有虎的生存基础。然而，在虎种群数量相对稳定、生存空间几乎饱和的森林灌丛，对流浪虎几乎是一种奢望。与此同时，虎的繁殖能力很强，每年都有找不到领域的“多余”老虎不断寻找着建立新领地的机会。那些最终也没能建立起自己领域的老虎，就失去了基本的生存保障，它们终究难逃悲惨的命运。而如果能在雌虎的领地内借居一段时间，有一个较好的缓冲，青年虎就有更长的时间来寻找机会。

尽管竞争激烈，机会还是有的，因为总会有一些定居虎年老了，身体衰弱了或受伤了，正值青壮年的流浪虎就很有可能抢占这些定居虎的领域。而这些定居虎则会成为流浪者，重新体味食不果腹的艰难生活，自然多半会很快死去。勿容置疑，受伤的、年老体衰的及长时间流浪的虎都将不得善终，或惨烈地战死于搏斗或悲凄地毙命于饥饿，虎的字典里压根就没有“寿终正寝”这个词汇，生存或者死亡就是这样直白和明晰。没有施舍，没有怜悯，优胜劣汰，适者生存，这就是虎种群保持稳定的主要途径之一，也是虎世界的基本法则。而当一些流浪虎最终有幸建立起自己的领域，生活从此步入正轨，它们的日常

生活可以用孤独、守卫和捕杀加以概括。

在领地内的绝大多数时间，虎过着隐蔽而孤独的生活，独来独往，这是老虎与生俱来的天性。由于人们偶遇的虎往往就是一只，故而常用“一山不能容二虎”来形容虎的这种生物学特性。尽管这是大多数虎的生存方式，除了带虎仔的雌虎，人们也的确发现过几只成年虎聚群的现象，例如一只带虎仔的雌虎进入雄虎的领域并相互问候，甚至一只亚成体雄虎聚居在一只成年雄虎身边而未见发生打斗。动物学家普遍认为，这种临时聚群的前提是猎物资源较为丰富，虎生存压力相对较小，并且这些虎可能原本就是一个家族的成员，而且这种聚群可能不会维系较长时间，是一种临时现象。

既然绝大部分成年虎独自生存，那么不同个体间是如何联络沟通的呢？据目前所知，虎个体间的联系以及与领域守卫相关联的社会行为，是一套十分复杂的通讯系统，科学家们迄今对此缺乏足够的了解。一般而言，虎个体间的通讯方式主要包括三种方式，其一是气味标记，在物体上涂抹肛腺分泌物，在林草上喷洒尿液；其二是视觉标记，在树干和地面抓出爪印，在路径上留下足迹和排泄粪便；其三是听觉标记，发出多种吼声。虎的吼声低沉而浑厚，回荡于空旷荒野，令人毛骨悚然。但虎有多少种吼声，各传达着什么信息，人们迄今几乎一无所知。研究人员常能在野外发现这些标记，譬如强烈的虎尿味，明显的爪痕，提示着人们已进入了某只老虎的领地。

通过这几种途径，相邻的虎个体间保持通讯联系，同时也宣布它是这片土地的主人，若有大胆的同类冒犯，则发起驱逐行动。虎发生领域冲突时多半采用威胁方式解决，不奏效则采取打斗方式，甚至你死我活一决雌雄。若原领域的人主战败则会领域易主。

一般经过威胁和肢体冲突等较量，等级地位较低者采取背部着地，腹部朝上这种示弱方式结束争斗，很少发生致命的冲突。显然虎也懂得“穷寇勿追”的道理，毕竟将对方置于死地会招致拼命的反抗，自身也难免负伤。很多情形下，一旦确立了等级地位，只要地位低者不过分靠近地位高者，后者甚至可以忍耐前者分享部分领地。最致命的冲突只发生在雌虎发情期，雄虎争斗交配权而进行激烈的搏斗可造成死亡。当然，这已不是简单的领地之争了。

有了领地以后，新领主所做的第一件事就是尽快标出自己的领地的范围，画出其他虎不得逾越的边界。有时它用尿液、粪便作为标识，有时则直接在树干上抓出印痕，以力量性的内容来警告同类和其他食肉动物，这就是常说的挂爪。

在自己的领地内巡视和守卫是虎的重要生活内容，因为保护领地就是保卫属于自己的生存资源。虎巡查领域时一般沿着相对固定的路径行走，也喜欢选择林中小道甚至人类开辟的道路行走，显然是省力的缘故。虎的这个生物学特征常被猎人利用，偷猎者往往在虎常走的路径上设置圈套或陷阱。

虎一般晨昏和夜间捕食，这也是食草和杂食动物的活动高峰时段。白天的大多数时间，虎会找一个隐蔽而舒适的地方休息。在温暖季节，虎一般选择高处通风且隐蔽的地方睡觉，天气炎热时，它往往来到水边，将半个身体浸泡于水中散热。而在寒冷季节，虎则常藏身于避风的植被或山石后，以利保暖。无论冬夏，它们都通过白天的休息为夜间的狩猎养精蓄锐。

而在人群干扰很少的地区，虎有时白天也会出来捕食。虎捕猎的对象囊括了栖息地内大中小型的各种动物，但虎并不是滥杀者，它们只有在饥饿时才捕杀猎物，否则，既使猎物近在咫尺，虎也不会妄开杀戒。从动物生态学角度，我们称之为“精明的捕食者”。试想，老虎不论饥饱，见者皆杀，会对领域内的猎物造

虎喜欢在水源附近出没。一是虎本身喜欢水；二是水源附近猎物也相应会多一些，便于捕食。

成毁灭性打击，无异于自毁家园。似乎各种食草动物也能判断出某只虎饱饥状态，当虎饱食时，有些食草动物甚至敢在它附近悠然采食，这其中的奥妙人们至今仍然没有完全弄清楚。

虎具有非凡的捕杀能力，不但可以在陆地上发动攻击，而且还能袭击水边的鳄鱼。较之其他猫科动物，虎更擅长游泳，可游过20～30千米的水面，是出色的游泳健将。它能跃入水中捕获猎物，甚至长距离泅水捕杀过河的猎物，省时省力，尽显善游能杀的生存技能。更有甚者，印度发生过虎潜水至小船边抓捕并杀死人的事件。

在虎的狩猎过程中，它主要捕食易于得手的猎物个体，这些往往是某种猎物中的老弱病残者。从进化生态学角度看，这种猎杀可以去除患病、年老及过剩的个体，从而防止猎物种群出现流行疾病或数量过多毁坏栖息地，长远看则有利于维护一个健康的猎物种群。据研究，在森林生态系统内，每年捕食者一般需要消耗掉猎物资源的15%，而虎所占份额大约是10%，其他食肉类则占据其余的5%。勿容置疑，虎处于生物群落的顶级地位。

这里需要提到的一个基本的现实问题是，随着中国城市化进程和民众自然保护意识的提升，一些地方的野生动物种群数量得以恢复，但仍然存在两个明显的问题，其一是各种动物数量结构不合理，繁殖速度快的物种占据了较多的生存资源；其二是动物群体内一些患病个体仍能生存相当时间。这些将对形成一个结构和功能合理的森林群落以及健康的野生动物种群带来潜在的威胁，因而在某一个阶段乃至较长时间内需要我们实施人工干预和管理，但这毕竟是一种干扰因子，不是我们想要的结构和功能合理的自然生态系统。在这个意义上，拥有虎的森林才是一个健康的生态系统，也是一个符合各种生物需求的生态系统。虎统领的森林是一个和谐的自然世界。

尽管被称之为“百兽之王”，百兽却并不会主动贡献自身供虎捕食。事实上在自然界中，缘于食物条件的制约，食肉动物的生存并不是轻松的事。虎体型很大，这限制了它的身体灵巧程度，且食量大，不言而喻，它的生存就显得更为不易。在广袤的非洲草原上，狮子采取群体合作狩猎的方式获取食物，而虎多半独自猎捕食物，这就需要借助茂密植被的掩护并突然发动袭击，即所谓的伏击型捕食者。这是虎依赖于森林、灌丛及高草地的主要原因。

虎分布密度总体上很低，行动机警，感官灵敏，晨昏及夜间活动，加之良好的隐蔽条件及主动回避人类的行为，人们在野外很难目睹老虎的风采，这也是野生虎数量难以查清的主要原因。以往人们主要采用虎遗留的各种痕迹推算野生虎的数量，这在河边的淤泥上、北方冬季的雪被上、南方红树林的沙滩上倒是不难做到，但在多数情况下，在生长青草的地面、硬质的地表及铺满枯枝落叶的土壤上难以留下可供辨识的虎痕迹，可以说以往有关虎的数据仅是一个大致的估测，这对于制定有效的虎保护对策十分不利。

近年来，随着新型科技手段在野生动物调查工作中的应用，特别是借助红外线相机实地拍摄虎个体，使得野生虎数量的调查工作大为改观。

这里需要更正一个看法，通常人们认为虎是典型的山地森林动物，虎依赖山地而生存，“虎啸山林”、“猛虎下山”、“放虎归山”、“虎落平阳被犬欺”、“山中无老虎，猴子称霸王”等成语典故就是这种认知的写照。但动物学家认为，造成这种误解的主要原因可能是近代老虎的分布区都是山地森林环境。事实上，虎依赖茂密植被而生存，过于陡峭的山地不

吉林珲春位于中、俄、朝三国交界地带，以东北虎、豹及栖息地为主要保护对象。这一区域历史上就是东北虎的活动地带，是东北虎重要栖息地之一，也是中俄之间东北虎的重要生态廊道。目前在这里已经多次用远红外线照相机拍摄到野生东北虎的实体。

因为没有两只虎具有完全相同的条纹，调查者可以籍此识别每只虎，这大大提高了虎种群数量调查的准确度（如上两图）。

虎爪是虎捕猎的最主要利器之一。因其强壮有力，人类甚至将虎爪的一些动作融入到格斗技巧中。

利于它们施展捕食技能，甚至不适合生存。由于中国具有悠久的农业历史，农耕活动早已造成平原森林及江河湖泊阶地茂密植被的消失，虎随之退出平原和湖河地带。鉴于这已是相当久远的事情，导致近代人们认为虎从来就生活于山地森林环境。实际上，温带针叶林、落叶阔叶林、针阔混交林、亚热带阔叶林、热带常绿林、湿地红树林、高草地乃至中亚干旱区河岸林地等植被茂密的环境，都曾经是虎隐身的生存环境。

在视野受到限制的林草丛中，虎主要依靠灵敏的嗅觉、敏锐的听觉探知猎物的存在，然后小心接近猎物，近距离时则压低背部潜伏前进，一般不会贸然行动，常耐心等待寻找出击的最佳时机。当机会到来时，虎快速冲向猎物，接近猎物时以后腿为支撑，纵身一跃，向下俯冲并扑倒猎物。这时它的速度可达每小时50～65千米，跃起高度一般3～4米。

有报道称，虎平地起跳可达10米高，这可能是极端事例。虎的冲刺只是很短的爆发性冲刺，虎不能维持哪怕是几分钟的快速冲刺，否则奔跑时的巨大能量支出将迅速消耗老虎的体能，使其难以为继，快速上升的体温也可能损害老虎的大脑。追上猎物后，虎伸出平时缩进趾端的利爪嵌入猎物体内，死死抓牢猎物，与此同时张开强壮的虎口咬住猎物的颈部或喉部。攻击的部位取决于几个因素——猎物大小、虎的大小、从前面或后面或侧面攻击、猎物的防御方式等。

由于一旦受伤便可能会被流浪虎乘虚而入夺走领地，所以虎捕猎时显得十分谨慎，尽可能将猎物反抗造成的受伤风险降至最小。这么做的另外一个原因是，一旦身体受伤，伤痛的身体难以灵活运动并实施有效的攻击，获取猎物的能力必然大为降低，而长时间饥饿又将导致捕食者体力不支，捕获猎物更加困难，如此恶性循环，最终导致捕食者因饥饿而死亡。不难看出，食肉动物受伤是一件对自身生存来说非常危险的事。

若有可能，虎一般扑倒猎物后即咬住喉部令动物窒息死亡。咬住喉部可避免猎物的牙、角、蹄的伤害，也可防止猎物足部接触地面而获得反抗的支点。若虎攻击猎物的颈部，则尽可能靠近头骨部分，达到破坏猎物的脊椎和脊髓，造成猎物即刻瘫痪而失去反抗能力，也能刺穿猎物的颈动脉造成死亡。攻击大型猎物一般是咬住喉部，动物学家检查和统计老虎捕杀致死的野外大型猎物譬如水鹿和野牛，发现咬痕主要集中于喉部。

有观察称，虎也采用前脚掌重击猎物头部或脊椎的方法杀死猎物。而捕猎成功后，虎一般会把猎物拖拽到隐蔽处，以防其他食肉动物盗食。有人曾在缅甸记录到一只虎能够拖动13个人难以搬动的野牛，可以想象虎的咬肌多么发达，四肢肌肉多么强壮有力。不难猜想，在科学技术低下和狩猎技术贫乏的古时，当我们的祖先看到虎遗留的猎物，都会对虎的力量产生极大的震撼。自然人们也希望拥有像虎那样的捕猎本领。仰慕和敬畏、害怕和担忧都交织在人们对虎的认知之中，形成了人们即爱又恨的虎情结，颇有几分叶公好龙的寓意，这可能是中华文化中虎形象褒贬兼有的生物学渊源。

有一个广泛流行的传说，虎特别喜爱吃狗肉。这显然是一种误传。人类驯养的狗有一个明显的守护行为，即常冲着不熟悉的动物吠叫，而狗的敏捷程度是不能与真正的野生动物相提并论的。当守卫村寨的狗或猎人带出的狗嗅到老虎踪迹时，可能会有初生牛犊不怕虎的勇气，但真正实战起来肯定难以招架虎的击杀，被杀死并吃掉也属情理之中。

虎进食时一般从猎物臀部开始，这与中小型食肉动物惯常开膛破腹的吃法不同。一只成年虎一次能进食超过18千克肉，可以算作大肚汉了。若未受到干扰，虎通常会在3～5天内反复回到隐藏食物的地方再次进食，直到食物殆尽。据估计，一只成年虎平均每天约进食5～6千克肉才能维持身体的正常消耗，亦即每年需要捕获1 825～2 190千克的猎物生物量，扣除30%不可食用部分，实际上每年需要捕获2 607～3 128千克猎物。

民间有虎食狗则醉的说法。根据《长白山踏查材料》记载：1947年东北土改时，吉林省抚松县参农靳连学带着狗看护参园。一虎闯入，把狗吃掉了，之后醉倒一两天，醒来后又驰入森林。

理论上，若虎捕杀1只20千克的黄麂，可维持2～3天的生存，若捕杀一只200千克的水鹿则可满足一个月的食物。实际上，自然环境中猎物很难储藏这么长的时间，其他食肉动物常盗食并分享这份大餐。因此，虎的食物需求并不能如此简单地计算，真实的数据很难估计出来，可以肯定的是，真正的需要比理论计算要高。

动物学家在野外研究中发现，当有大型猎物可供捕食时，虎通常每周捕猎一次，带虎仔的雌虎平均8～8.8天捕猎一次。尽管虎具有高超的捕杀能力，但猎物也不会坐以待毙，因而虎捕猎的成功率并不是很高，一般每10～20次出击才能有一次成功。当然这取决于虎分布区内的猎物密度，猎物密度越高，捕获猎物的成功率就越高。因此，当猎物密度过低时，虎捕食成功率大幅下降，长此以往就无法维系老虎的基本生存需求，即使没有道路建设、矿业开发、农林生产活动等人为干扰因素，虎也会在这样的环境中消失。这可能是中国华南虎自上世纪70年代逐渐在华中和华南地区消失的主要原因。保护老虎的猎物资源是保护老虎的最重要途径之一。

十多年前笔者等人曾于中国南方几省区调查华南虎，尽管多地村民称发现虎存在的踪迹，但实地勘验发现，大多地域的猎物密度很低，上百平方千米也难以维持一只华南虎的生存。而近几十年人口的快速增长又导致森林景观破碎，虎缺乏完整的栖息地条件。仅就此点而言，中国

虎虽然有自己的领地，却不进行土地占有。它会因食物的迁徙而转移，也会因强敌的入侵而逃往他地另立山头。

仍存在野生华南虎的可能性很小，种群自然复兴的希望应该十分渺茫。

近些年来一些国内外虎保护人士都有一种愿望，希望在虎已灭绝的区域通过重新放归老虎从而建立虎的自然种群。不可否认，这是一种美好的愿望，也有一定的可行性，毕竟有些动物通过重新引入措施恢复了野生种群。需要注意的是，纵观老虎的生物习性，它们从幼年起随母亲学习捕杀猎物的技能，成年

如同人对虎有种天生的恐惧一样，虎对人同样十分忌惮。只要领地有足够的食物填饱肚子，虎会尽量避免捕食家畜。在某种程度上，它意识到人类利益的某种界限。

后经历了自然淘汰的选择过程，并不是每只虎都能成功地存活下来。而动物园长大的虎从未见过野外捕杀猎物的场面，如何获得这种能力以及捕食技能能否保证其生存，所有的一切都有待逐一确认，否则放归虎就等于将虎送上死亡之路。

再者，印度曾将一只人工饲养的虎放归野外，后来发生的一系列虎吃人事件被认为与此虎有关，政府管理部门认为这只虎因为难以捕获食物而变成了食人虎，而动物学家并不认可。此事虽然没有最终的定论，但也给了我们一个警示。若放归人工环境长大的虎，它们对人工环境和气味十分熟悉，但对野生环境却是陌生的，可能因饥饿转而危害家畜乃至人类，这就违背了放虎的初衷。因此，圈养虎的放归需要十分的谨慎，还需要进行此方面的诸多科学研究。

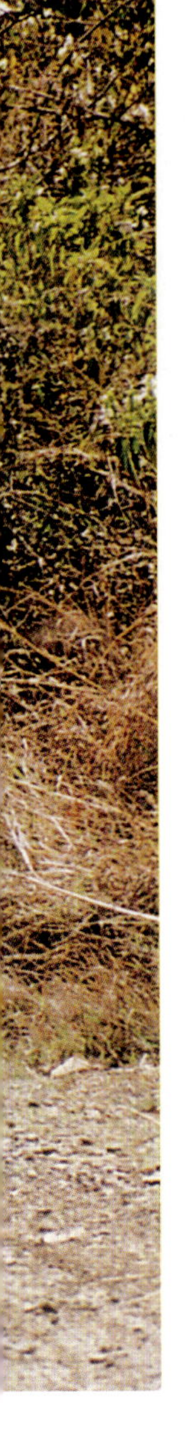

野生的虎绝大多数独立捕食，但是动物学家也曾观察到雌雄成年虎及家庭成员一同捕食的现象——两只雄虎和三只雌虎，可能来自以往的一个家族——它们就像狮子那样围住一个水塘边的水鹿，并驱赶鹿群向一边运动以便于攻击。也有人见到两只虎合作攻击一只大象，尽管这种现象实属罕见。

在为数极少的合作捕食结束后，雄虎常允许雌虎和虎仔首先享用捕获物。甚至有人观察到饱食后的雌虎允许毫无亲缘关系的雄虎和带着幼仔的雌虎前来分享猎获物，颇有几分大王风度，这一点与同为大型猫科动物的狮子迥然不同。看来，虎的许多行为并不像先前人们认为的那样严格，那么墨守成规。这些现象也说明，虎的生存策略并不是一成不变的，可能随着环境条件而变化。

虽然可以呼啸山林、占山为王，但即使没有其他虎入侵，虎在自己的领地内也不是那么高枕无忧，它也有众多的竞争对手。金钱豹、黑熊、棕熊、狼、豺、鳄鱼、蟒蛇都可能与虎竞争食物，也会伤害虎的幼仔。虎偶尔也会捕杀这些竞争者作为食物，但通常这些动物都会主动相互回避。金钱豹通常在出猎时间和捕杀动物种类上与虎不同，以此回避直接竞争，尤其是猎物丰富时，两者之间可以很好共存。事实上，金钱豹的食性惊人的宽泛，甚至包括一些蛙类及昆虫，这可能是虎消失的区域仍有少量金钱豹存活的重要原因之一。

捕食其他猛兽时，虎也会遇到危险，例如被蟒蛇缠住，这时它要努力挥动前爪打击蟒蛇的眼睛才有可能逃脱。也有证据表明，虎能够抑制狼的数量，但目前不甚清楚这种现象真正的原因，可能是虎直接捕杀狼或抢夺狼的食物，从而导致狼群数量难以大幅度增加。但是在印度，成群的印度野犬却可以攻击甚至杀死虎，面对这种集群作战的动物，虎可能首尾难顾，只好退避三舍，保全自身。

虎与这些竞争者处于现实或潜在冲突状态的根本原因在于它们同为肉食动物，生态位部分或大部分重合。那么，有没有让虎也恭谦退避的食草动物呢？有。大象和犀牛在动物形态学里被称之为厚皮动物，也是动物王国里的庞然大物，又有有力的长鼻或坚硬的犀角可作利器。当虎守护一个水源伺机捕猎动物时，一只成年大象前来饮水会令它退让。要知道，大象和犀牛虽然以植物为食，但身大力不亏，成年个体几乎没有天敌。当然，虎与这些庞大体型的厚皮动物在食物需求方面荤素各异，一般不会招惹这些庞然大物。若与它们狭路相逢，多是虎礼让在先，平素里多半是相安无事。

虽然人们与虎一起共存了两百多万年，但时至今日，这种美丽的大型猫科动物依然给人类留下了许多未解之谜。实际上，迄今有关虎的许多生物习性来自动物园圈养的虎个体，由此限制了科学家对野生虎社群行为的深入认识。圈养虎群体从小一起长大，到成年后它们仍能够一同生活，那么虎的结群行为有多少来自遗传固有的特征，有多少是因环境而产生的可塑的生物学特征？这些问题直接关系到虎保护的对策。

此外，在猫科动物中，狮子和金钱豹都有袭击人的记录，但比较而言，虎吃人则更为臭名昭著，有时“作案者”被冠以“食人虎”的恶名。有人统计过，在1902～1910年的8年间，印度有800多人死于虎的攻击。其实，“食人虎”并不是一个恰当的术语，很多事件并非是虎捕杀并吃掉受害人，而是因多种原因造成的虎攻击人并致死的事件。

印度是发生虎攻击事件最多的国家，死于虎攻击的人多数是进入保护区的捕鱼者、伐木工和蜂蜜采集者。显然，这些人进入了虎的领地，多数情况下虎是主动回避人类的机敏动物，但这些虎为何要攻击人？迄今仍然是一个谜。人们猜测，可能是一些年老或受伤而失去捕食能力的虎处于饥饿状态时，转而捕杀更易得手的人类，或者某种机会使虎吃过人，并由此将人类纳入食谱，导致它捕杀更多的人。更有大胆的测想，一些曾经捕食过人的“食人虎”将这种经验传授给虎仔，虎仔成年后将人类视为当然的食物。

然而，有一个事实却不容忽视，在虎攻击人致死的许多事件中，虎并未吃掉受害者。由此人们推测，虎可能是出于防御自身或保护幼虎的需要，进而主动攻击进入其领地的人们，即属于一种误杀。总体而言，人与虎相遇事件中，多数虎表现出惧怕人类并转而逃逸的行为。

毫无悬念，面对凶猛的虎，人类没有强大的防御武器，奔跑速度也慢得多，如果没有有效的防御装备或攻击武器，即使人类先下手也难以敌得过虎的攻击。目前，无论是动物学家还是当地居民都无法给出为何某些时候虎会攻击人的明确答案。

在远古时代，象曾是剑齿虎的狩猎对象。但随着演化的不断推进，剑齿虎已经消失，而象却依然存在，并且它们不再惧怕大型猛兽，包括剑齿虎的远亲——虎。

从某种角度上看，虎的一生其实充满了各种危险和失败。但无论如何，这种顽强的生命有权生活在地球上，有权无忧无虑地在水边嬉戏。现在的人类，有保障它们这种权利的能力，也有这个责任和义务。

此外，杀婴行为是虎留给人们的另一道难题。许多哺乳动物都存在杀婴行为，从小型哺乳动物到大型的狮子，再到高等的灵长类动物，都发现了雄性杀婴的现象。有证据表明，新来的定居雄虎会杀死前任定居雄虎的幼仔，甚至吃掉它。民谚“虎毒不食崽”应加一个限定，即“虎毒但不食自己的崽”。一般认为，雄性杀死非己出的幼仔，可导致雌性停止育幼行为，由此进入下一轮发情周期进而接受交配，生育杀婴者的后代。若这是虎等具有杀婴行为者的真实原因，那么，平日独居而不参与育幼的雄虎如何知道哪些虎仔不是自己的后代？会不会出现误杀后代的现象？科学家相信不会发生这种误杀的事情，但如何解释其中蕴涵的生物学奥妙呢？

诚然，除了结伴、食人、杀婴等，虎还有许多未解之谜，诸如前面所述的虎为何能吃腐肉？虎如何传递特定的信息？虎为何只分布在亚洲？凡此种种，都令人费解，也引发人类的好奇心。同时这些疑问也关乎人类如何有效保护虎及如何与虎共存。

尊重自然

让猛兽成为猛兽

在绝大多数的时间里，虎是一种令人敬畏的动物，它们锋利的爪牙和雄壮的体型让所有人胆战心惊。但时至今日，越来越多的虎已经失去了昔日的野性，失去了捕猎的能力，而满足于肉来张口的生活，成为温顺的大猫。对于这样的问题，人类难辞其咎。

森林是我家……

中国虎的沧桑
——谈老虎的历史变化

虎的生存有赖于山林植被，与此同时，在过去相当长的时间内，通过对人类的威慑，它在客观上对山林也起到一种保护作用。但当快速发展的科技被普遍运用在武器装备上，虎在人类眼中便开始与绵羊无异，山林也从此失去最后的原始守护者，赤裸裸地曝露在人类的贪婪之下。

在漫长的人类历史中，人们往往把虎作为勇猛和威力的象征来崇拜，同时也保持着对它的恐惧和敬畏。在自然界的争斗中，以人的血肉之躯与虎搏斗时，结果往往都是人死于血盆虎口。那时人们曾以为虎是不可战胜的，山林中只有虎才是王。人们对虎的敬畏，多用“虎啸风生”、“虎视眈眈”、“深陷虎穴”、“饿虎扑食”、“难脱虎爪”、“虎口余生”来形容。以至于以后一说起虎必然是“谈虎色变”。随着社会的发展，人们与虎争斗走过了怕虎、防虎、观虎、打虎的多个过程。从“坐山观虎斗”到“武松打虎”，就连清朝康熙、乾隆皇帝想打老虎，也要靠众多将士和猎犬的围猎。中国人畏惧虎和战胜虎的真实写照是：“独有英雄驱虎豹，更无豪杰怕熊罴”。

清朝康熙皇帝在河北省围场县设立猎场。自1681年起，“岁举秋狄大典”（即每年一度的秋季狩猎练兵）。猎虎最显威武，目的是提高士气，以壮军威，以期“威武远扬，塞垣清晏。”这一制度一直延续到清末。

1900年中国5个虎亚种的状况是：东北虎分布在黑龙江、吉林、奉天（今辽宁）、乌里雅苏台（今外蒙古）、内蒙古、直隶（今京、津、河北）；华南虎分布在陕西、山西、河南、甘肃、湖北、湖南、广西、广东、安徽、江苏、浙江、江西、福建、四川、贵州；新疆虎分布在青海、新疆；印支虎分布在云南、广西；孟加拉虎分布在云南、西藏。

最先灭绝的是新疆虎。在新疆罗布泊和塔里木河下游，1916年由瑞典探险家斯文·赫定见于罗布泊、库尔勒，并记载在其《罗布泊探险》一书中，之后野外再未见到实体。

1900年以来，虎的数量锐减，分布范围急速缩小。世界自然保护联盟和世界自然基金会等机构联合调查的结果显示，亚洲各地的野生虎数量已经锐减到20世纪初期的3%至5%。

猎虎的方法有三种：一是骑马多人围猎；二是把铁、套放在虎的雪地足迹下；三是猎犬追赶捕猎，在寒冷的深雪天追击10～14天，至虎疲劳不能行动，猎人便将虎控制住。

东北虎减少有四个主要因素：一是捕杀。很多虎死于猎犬围攻、人为陷阱或多人围捕。二是战争。1900年八国联军侵华，俄国出兵侵占东北；直奉军阀的山海关大战；日本抢占东北，攻占热河战斗，东北抗日战争长达14年；1945年后国民党和共产党争取控制东北，直到1948年辽沈战役结束；这些战争直接导致了虎分布地的阻断以及东北虎在承德地区、大兴安岭、小兴安岭和长白山区的逐渐消失。三是森林砍伐。中东铁路附近2 830多万立方米的原始森林，仅在铁路开通8年后已基本砍伐殆尽。日本侵略我国东北后，1931～1945年砍伐木材1亿多立方米，消耗森林蓄积5亿立方米，造成东北很多地区虎栖息地的断裂和破碎。四是人口增长。1894年东北总人口已过1 000万人（平均密度为8.0人/平方千米），1931年为2 984万人（24人/平方千米），1949年为4 181万人（33.7人/平方千米），1955年为5 147万人（41.47人/平方千米）。科学家对人口密度和虎分布数量之间的联系进行相关研究，发现在吉林长白山区22个县中，当人口密度小于26人/平方千米，尚可会有虎分布，一旦密度超过26人/平方千米，虎种群将很难生存。

东北虎每只脚上有5个非常锐利的爪，使用时伸出，不用时缩回爪鞘，避免行走时摩擦地面。图为东北虎踩过雪地后留下的足迹。

什么是东北虎的适宜生境?

1. 连成大片的宽阔森林覆盖区；
2. 高密度猎物的森林覆盖区，猎物必须有马鹿、野猪、梅花鹿等；
3. 人类活动较少的森林覆盖区。

长白山自然保护区是东北虎的历史分布区。目前长白山有两条生态走廊在为虎的保护及发展壮大发挥作用。一是从张广才岭沿成虎岭，接通富尔岭—黄泥岭—牡丹岭，抵达长白山保护区；二是哈尔巴岭通过莫额岭，抵达长白山保护区。

华南虎是中国特有种，曾广泛分布于中国秦岭以南地区，很多县志都有老虎分布的记载。但随着人口的增加，华南虎栖息地越来越减少，1875年在宁波、1880年在南京附近都有捕虎的记录。20世纪50年代江西省有20多个县发现有虎，1955～1956年就捕虎171只。1959年在广西南部、1963年在湖北、1966年在安徽也都有发现虎的记录。河南省在70年代初期每年捕虎7只、浙江省每年3只、广东省不足10只，江西的华南虎年捕猎量少于10只，湖南最后捕到野生虎是在1976年。20世纪70年代末估计全国野生华南虎的数量为40～80只，80年代后数量更为稀少，估计当时总数为30～60只。

中华人民共和国建国初期，野生华南虎的数量还有4 000多只。经过20世纪50年代和60年代持续进行的大规模捕杀，华南虎种群遭受重创，一蹶不振，踪迹难觅。

井冈山以其石灰岩、砂页岩和花岗岩的山景以及深谷茂林、清泉和瀑布而闻名。井冈山自然保护区也曾经是华南虎分布的区域。有关专家建议将保护区与湖南的桃源洞保护区连接起来保护，期望在此恢复华南虎种群。

印支虎常年生活在亚洲东南部的热带雨林和亚热带常绿阔叶林中，主要以野猪、水鹿、野牛等动物为食。

茂密的西双版纳热带森林是印支虎的栖息地之一。2009年年初，一只年老体衰的印支虎被盗猎者杀死，令人备感痛心。同年8月，科学家又发现了新的印支虎踪迹。当地政府随之进一步加强了对印支虎的保护力度。

印支虎分布在中国云南南部和广西西部地区，20世纪90年代初期曾有科学家估计广西有印支虎大约80多只，但也有人认为数量偏大。1998年的再次调查，野外没有发现老虎实体。2007年，来自北京师范大学的科学家在西双版纳森林中拍摄到野生印支虎的照片，从而证实了该亚种还存活于中国。目前云南分布的印支虎仅在西双版纳和普洱的深山密林中，数量极为稀少。

孟加拉虎分布于中国西藏东南部的山林地区，云南也有孟加拉虎分布的记录，但20世纪80年代以后就没有再发现过。目前只有西藏墨脱县和察隅县观察到该亚种的分布，数量十分稀少，估计不超过20只。

新中国的自然保护得益于科学家的大力呼吁，1956年9月全国人大第一届第三次会议上，秉志等科学家上书请中央政府在全国划定天然林禁伐区（即自然保

护区）用于科学研究。当年10月中央林业部、森林工业部和中国科学院就列出中国第一批应当划建自然保护区名单，其中就包括长白山、小兴安岭永翠河、完达山大林海和镜泊湖周边森林等栖息有东北虎的自然保护区。

中国在野生动物管理方面最初是借鉴苏联的经验，学习苏联开展狩猎来合理利用数量较大分布较广的野生动物资源，对珍贵稀有的野生动物实行资源保护。1959年2月东北虎被林业部列入首批《稀有珍贵鸟兽名录》，开始受到禁猎保护。1962年9月国务院发出的《关于积极保护和合理利用野生动物资源的指示》，再次提到保护东北虎，把它与大熊猫、象等并列，“严禁捕杀”，在其主要栖息和繁殖地区建立自然保护区加以保护。1973年5月的《野生动物资源保护条例（草案）》，把东北虎、华南虎和孟加拉虎均列为保护动物。而后，1977年农林部又颁布文件，提出把东北虎、华南虎和孟加拉虎列为国家保护野生动物。

墨脱是孟加拉虎的分布区之一。墨脱，藏语为“花朵”的意思。墨脱自然保护区有特殊的地质构造和冰川遗迹，还具有完整的原始性植被类型及动物种群。这里的植物种类是西藏全区植物种类的一半，有美丽的犀鸟与虎为伴，也有众多的偶蹄动物供虎捕食。

云南临沧地区是孟加拉虎的分布区之一。这里的植被状况维护较好，许多野生动植物也获得了较好保护。

中国为虎保护所做的巨大努力

中国确立法定保护虎的时间是在1988年月11月8日，当天全国人大通过了《中华人民共和国野生动物保护法》。1989年1月林业部和农业部第1号令发布了经国务院批准的《国家重点保护野生动物名录》，其中把虎的所有亚种列为1级。

在起草和修改野生动物保护法律法规的过程中，中央政府主管部门征求意见时，国内科学家对4个老虎亚种保护级别的认定争论一直不断。国家林业部最早在1962年已将东北虎列入保护名单的一级，原因就是中国科学家和苏联科学家较早对东北虎的分布数量和生物学基本状况有所了解，提供了很多科学数据。而对华南虎、孟加拉虎和印支虎的科学认知较少，特别是华南虎虽然历史上在中国分布较广，很多省区都有发现华南虎的报道，但在20世纪60年代，人们对华南虎进行的较为系统的科学研究很少。那时中国在东北专门研究大型猫科野生动物的科学家力量最强，人数最多。全国专门培养野生动物保护的大学是哈尔滨的东北林学院，那里专门设立“森林动物繁殖与利用”本科专业，1980年成为野生动物系，1992年变成东北林业大学野生动物资源学院。1973年农林部在起草《野生动物保护条例》时，曾根据当时野生动物资源状况，提出将保护对象分为三级的建议：大熊猫等列为国家第一类保护动物，严禁猎捕；东北虎、南亚虎（孟加拉虎）等列为国家第二类保护动物，禁止猎捕。如因科研、展出等需要猎捕须经批准。而华南虎则被列入国家第三类保护动物，控制猎捕。每年猎取多少，由省市区农林部门在保证资源不断增长的情况下有计划的安排。这就等于说，华南虎当时野外数量还较多，没有达到濒危状态，还是可以计划猎捕的。但仅仅过了4年，1977年农业部就已经将中国虎的所有亚种全部列入国家重点保护野生动物的一级，说明濒危的状态十分严重。

20世纪70年代以后，中国曾对东北虎种进行过4次较大规模的调查。1974～1976年，调查结果为151只。其中有70只左

虎在中国的历史上是力量和威严的象征，为人所敬畏。图为金沙遗址所出土的石虎，被认为是古蜀人虎崇拜的表现之一。如果有一天虎在地球上消失，虎文化也会随之失去创作的根源。

右分布在吉林省；81只分布在黑龙江省。1984～1985年的调查不仅是地面调查，林业部门还组织了航空调查，结果显示黑龙江省未发现东北虎野生个体活动迹象，而吉林省延边州的虎也估计不超过10只。这次调查最后判定东北虎数量在20～30只。1988～1991年调查结果为16～22只，其中吉林省有6～8只，黑龙江省有10～14只。当时情况是，东北虎在中国的分布已退至松花江南岸，集中在乌苏里江和图们江流域的中俄边境地带。1996～2000年林业部组织了全国野生动物资源调查，调查结果东北虎数量为14只。华南虎最早是从1974年初开始进行数量调查，1985～1987年林业部“广东省华南虎资源调查”项目组对广东全省山区进行了调查，从各地遗留华南虎的足迹、粪便和爪痕分析，在广东省境内活动的华南虎有成年虎4只，仔虎12只。1990～1992年对广东粤北、粤东、粤西山地林区的调查表明，广东省现存华南虎6～8只。1990～1992年林业部同世界自然基金会（WWF）合作，开展了广东、湖南、江西、福建四省华南虎及栖息地调查，查证中国福建、广东、湖南、江西交界处华南虎尚有20～30只。在2000～2001年国家林业局组织的华南虎野外种群专项调查中，发现华南虎野外痕迹48处，但无法分析出其野外个体数量和种群结构。1996年～2000年林业部组织了全国野生动物资源调查，最后全国野生虎的统计结果表明：东北虎在黑龙江和吉林野外数量为14只；华南虎在江西、浙江、福建、湖南、湖北、广东、贵州等省有活动痕迹，但野外没有见到实体；印支虎在云南西双版纳有17只左右；孟加拉虎在中国云南临沧地区和西藏喜马拉雅大峡谷区域有10只左右。

1956年建立几个有东北虎分布的自然保护区后，从1980年开始中国陆续又建立了几个以保护东北虎为主的自然保护区，它们是：1980年在黑龙江建立的七星砬子和镜泊湖自然保护区，当时调查判断七星砬子有19只虎，镜泊湖有10只虎出没。1981年建立的牡丹峰保护区，也同样保护东北虎等野生动物和红松林植被。2004年建立的大佳河自然保护区。吉林省在2001年建立的珲春自然保护区，面积为108 700公顷。以华南虎栖息地为主要保护对象的自然保护区主要分布在华东、华中和华南各省，它们是：浙江凤阳山—百山祖，福建梅花山，江西华南虎、老虎脑，湖南壶瓶山，湖北神农架、后河，广东南岭、车八岭、粤北华南虎，重庆大巴山自然保护区等。云南省从2007年启动项

珲春的森林地区是野生东北虎最活跃的地方。完达山的野生东北虎种群相对孤立，而珲春与俄罗斯相邻，野生东北虎可以跨越边境线来到中国。

中国各级虎保护区名录

保护区名称	级别	类型	虎亚种类	总面积（平方千米）	主要保护对象	行政区域	批建时间（年）
吉林长白山	国家级	森林生态	东北虎	196465.00	森林生态系统、东北虎及野生动植物	白山市、延边州	1960
吉林珲春	国家级	野生动物	东北虎	88913.00	东北虎、豹	珲春市	2001
黑龙江大佳河	省级	湿地生态	东北虎	38081.00	东北虎、丹顶鹤、白鹳	密山市	2004
黑龙江七星砬子	省级	野生动物	东北虎	23000.00	东北虎、马鹿	双鸭山市	1980
黑龙江凤凰山	国家级	野生动物	东北虎	26570.00	东北虎、松茸、红豆杉等	鸡东县	1989
浙江凤阳山-百山祖	国家级	森林生态	华南虎	26500.00	华南虎、百山祖冷杉	丽水市	1985
福建武夷山	国家级	森林生态	华南虎	56527.00	中亚热带森林生态系统、华南虎及栖息地	武夷山市、建阳市、光泽县、邵武市	1979
福建梅花山	国家级	森林生态	华南虎	22168.50	华南虎、其他珍稀物种	上杭县、新罗区、连城县	1985
江西武夷山	国家级	森林生态	华南虎	16007.00	黄腹角雉、白颈长尾雉、华南虎及栖息地	铅山县	1981
江西华南虎	省级	森林生态	华南虎	58300.00	华南虎及其栖息地	宜黄县	2001
江西老虎脑	省级	森林生态	华南虎	22000.00	华南虎及其栖息地	乐安县	2000
湖北神农架	国家级	森林生态	华南虎	70468.00	亚热带森林生态系统、华南虎及栖息地	神农架林区	1982
湖南壶瓶山	国家级	森林生态	华南虎	66568.00	珙桐、光叶珙桐、华南虎及栖息地	石门县	1982
广东车八岭	国家级	森林生态	华南虎	7545.00	中亚热带常绿阔叶林森林生态系统、华南虎及栖息地	始兴县	1981
广东南岭	国家级	森林生态	华南虎	58400.00	南岭山地森林生态系统、华南虎及栖息地	韶关、清远市	1990
广东粤北华南虎	省级	野生动物	华南虎	70000.00	华南虎栖息地	始兴、南雄、仁化、乳源、乐昌	1990
重庆大巴山	国家级	野生植物	华南虎	136017.00	中亚热带森林生态系统、华南虎及栖息地	城口县	1999
云南西双版纳	国家级	森林生态	印支虎	247439.00	热带雨林、热带季雨林、印支虎及栖息地	景洪、勐海、勐腊	1958
云南南滚河	国家级	野生动物	印支虎	50887.00	印支虎、亚洲象	沧源、耿马	1980
云南高黎贡山	国家级	森林生态	印支虎	405200.00	中山湿性常绿阔叶林、印支虎及栖息地	保山、腾冲、泸水、福贡、贡山	1981
云南铜壁关	省级	森林生态	印支虎	34158.00	常绿阔叶林生态系统及白眉长臂猿等野生动物、印支虎及栖息地	盈江、陇川、瑞丽	1986
西藏雅鲁藏布大峡谷	国家级	森林生态	孟加拉虎	916800.00	孟加拉虎及栖息地、珍惜动、植物	墨脱、米林、林芝、波密	1985
西藏察隅慈巴沟	国家级	森林生态	孟加拉虎	101400.00	羚牛、孟加拉虎等	察隅	1985

总数（个）：23。面积总计（平方千米）：2739413.50。

目，在西双版纳、南滚河、铜壁关、黄连山四个国家级自然保护区开展印支虎种群数量、栖息地、食物链和社区状况调查，为国家制定印支虎保护政策提供了科学的依据。西藏自治区为保护孟加拉虎，在1985年建立了察隅慈巴沟和雅鲁藏布大峡谷自然保护区。

中国对破坏野生动物资源的犯罪活动的打击力度是严厉的，从1999年4月开展“可可西里一号行动”以来，几乎是每年都实施专项行动：如“南方二号行动”、“夏季攻势”、“猎鹰行动”、“破案攻坚战”、“春雷行动”、“绿剑行动”、“候鸟行动”等等。这些专项行动的重点之一，就是在全国范围内打击破坏野生动物资源，整治非法猎捕、运输和经营野生动物的违法犯罪行为，侦破和查处一批大案要案来震慑违法犯罪分子。2003年10月，西藏拉萨海关缉私局破获一起走私珍贵动物制品案，其中就发现孟加拉虎皮31张。案件查获是在西藏阿里地区，但平均海拔在4 000米以上的阿里地区不会有孟加拉虎，因此判断猎杀这批虎的行为肯定不在中国境内。缉私部门发现虎皮上贴有印度当地报纸，由此断定，这批孟加拉虎皮来自印度。最后犯罪分子承认，这些是与印度人勾结，从印度走私进入中国的。有些虎分布省区还专门针对保护虎展开具体行动，如吉林珲春国家自然保护区管理局于2009年12月联合其他部门，共同实施了“利剑一号”野生东北虎保护行动，旨在打击非法盗猎，为野生东北虎创造一个安全的生长环境。

大型猫科动物被作为《附录一》中的内容列入《濒危野生动植物物种国际贸易公约》。中国于1981年加入了该公约，其目的就是在国际贸易过程中，有效地保护濒危的野生动植物。为支持国际社会有效地保护虎，同时表明中国政府在虎保护方面是一个负责任的大国，1993年5月，国务院发出了《关于禁止犀牛角和虎骨贸易的通知》，要求在全国范围内严禁出口虎骨，任何单位和个人不得运输、携带、邮寄虎骨进出国境，禁止出售、收购、运输、携带、邮寄虎骨，对库存的虎骨，必须立即进行清理，重新登记、封存，妥善管理，取消虎骨药用标准。由于中国传统中医药中以虎骨为原料生产的中药、中成药和各种膏药贴剂，是在卫生和中医药管理部门审批报并经林业部门批准专用的，属于合法生产的药品和产品。当国务院这个通知发出后，林业部、卫生部、国家医药管理局等部门还是迅速行动，在全国范围内坚决停止生产含虎骨的中成药，对虎骨及含虎骨成分的中成药进行清理登记和封存，加强了监督控制。制止行动实施了，对虎的保护也大大加强了，但中国中医药行业单此一项就蒙受了数十亿元人民币的经济损失。为保护虎这种美丽的动物，中国不惜付出巨大代价。

1992年，联合国环发大会上通过了《生物多样性公约》，中国作为最早缔约国之一，开始承担保护本国的生物多样性的义务。1992～1994年，由国家环保局、中科院和林业部等10个部委组织编写了《中国生物多样性保护行动计划》，该行动计划不仅将华南虎列入优先保护名录，而且还将多个保护华南虎和东北虎栖息地的自然保护区列入优先保护生态系统名录。林业部提出把华南虎的保护作为优先项目，并制定华南虎拯救计划和保护方案。1997年11月，林业部野生动物和森林植物保护司完成了《中国虎保护行动计划》修改，该行动计划主要是为保护中国4个虎亚种，从建立有效保护机制入手，对虎自然保护区建设、栖息地保护、种源繁育、野化训练和国际合作等提出行动目标和优先实施方案。根据《全国生态环境建设规划》，国家林业局于2000年编制《全国野生动植物保护和自然保护区建设工程规划》，该规划经国家发改委批复后，针对全国重点保护的野生动植物和自然保护区建设，明确了2001～2050年的近期、中期和远期目标以及建设重点。这项全国重大工程专门把虎保护作为15大物种保护内容之一，对东北虎、华南虎、印支虎和孟加拉虎4个亚种的保护提出方案，包括完善和新建自然保护区，加强基层制止和打击偷猎等破坏野生动植物案件的执法力度，加强人工繁育和放归野外驯化等。2002年，国家林业局野生动植物保护司为具体落实虎保护规划，组织编制了《全国虎保护工程建设规划》，具体细化中国4个虎亚种保护工程的内容和具体项目，为今后实施虎保护提出有操作性的实施方案。

北京动物园早在1956年就开始饲养东北虎和华南虎，并成功地繁殖不少东北虎个体。全国其他较大的动物园也陆续饲养一些东北虎、华南虎和孟加拉虎，一方面供社会公众观赏，另一方面也积极开展人工繁育研究。经过科技人员的努力，东北虎、华南虎和孟加拉虎的人工繁育技术都取得了成功，使人工圈养的虎种群数量不断增加。1986年，黑龙江省在海林县横道河子建立了猫科动物饲养繁殖中心，对东北虎展开繁殖研究和野化试验，经过20多年的努力，目前这里人工繁育的东北虎种群已达1 200多只，成为世界上最大的人工圈养东北虎种群。广西熊虎山庄的前身是1988年建立的广西平南虎基地，目前养殖虎1 000只左右。1995年，在重庆召开的华南虎移地

大约从16世纪开始，现代动物园的雏形开始出现，从此人们开始把野生动物集中在一小片区域内以供展览。但是现在，对于虎而言，动物园似乎已经成了它们唯一的去处。不仅仅是合适的森林不好物色，也是因为虎已经忘记了怎样捕获猎物了。

保护工作会议上，科学家讨论了《华南虎移地保护纲要》，同时为上海、苏州、重庆、广州动物园所圈养的华南虎个体进行了健康、繁殖、饲养管理评估，并在上海动物园初步建立了华南虎基因库。中国动物园协会华南虎保护协调委员会从1995年开始，在国际组织专家的协助下，重新修订完善了中国华南虎谱系，使有着中国虎称谓的每只华南虎都有了亲缘关系档案。为了开展华南虎人工繁育种群野化放归实验，1998年，在福建梅花山国家级自然保护区建立了华南虎繁育研究中心，着手对人工圈养华南虎个体进行野化训练，为重新引入放归项目做好前期准备工作。从2003年开始，先后有两批 4 只纯系华南虎被送到南非的老虎谷进行野化训练，并准备近期回国。多年来，在东北虎、华南虎、印支虎和孟加拉虎的人工圈养繁育研究方面，中国领先于世界其他国家，不仅建立起我们自己的东北虎、华南虎、孟加拉虎人工圈养种群，同时也保存了很多中国东北虎、特别是华南虎的纯系血缘和遗传基因。

由于中国周边国家如俄罗斯、印度、尼泊尔、不丹、缅甸、泰国、老挝、越南等，也有野生虎种群分布，因此与这些国家开展虎保护合作也是中国自然保护双边合作的重要内容。1996年3月，中国林业部部长徐有芳和印度共和国环境与森林部部长卡麦尔·纳特代表本国政府，在北京签署了《中华人民共和国政府和印度政府关于保护虎的议定书》，强调中印两国政府应加强在虎保护方面的合作，共同努力遏制虎种群濒临灭绝的趋势，确保虎的生存和繁衍，双方将共同努力，采取措施打击偷猎虎和走私贩卖虎、虎骨和虎的其他部位及其衍生物的非法活动。1997年11月，中国林业部和俄罗斯联邦环境保护和自然资源部签署了《中华人民共和国政府和俄罗斯联邦政府关于保护虎的议定书》，双方将开展国内和国际宣传活动，为科学地保护虎及其栖息地制定管理、科学研究和在技术领域开展人员交流、科学调查的工作计划和教育培训方案。双方将相互通报有关取缔和打击偷猎虎和贩卖、经营虎的任何部位等非法活动的信息，同时双方将定期对共同采取的保护虎的措施所产生的效果进行总结和评价。

2000年7月，国家林业局与美国虎和犀牛保护基金会、世界自然基金会（WWF）共同合作，筹集资金在福建、广东、湖南、浙江、江西等省开展华南虎野外种群调查。世界自然基金会在2004年帮助中国推动东北黑龙江流域的虎保护工作，支

持东北虎自然保护区和相关森工企业加强对老虎栖息地的有效管理。1998年，国际野生生物保护学会（WCS）开始关注中国东北虎的保护工作。1999年1～3月，由国际野生生物保护学会、黑龙江省野生动物研究所、东北林业大学、中国林科院等组织和单位的中、美、俄专家组成的国际调查队，在黑龙江省进行了为期两个多月的东北虎种群数量调查。2000年以后，WCS支持中国黑龙江、吉林的一些保护区和森工局合作开展东北虎野外保护和监测工作，为中国虎保护也作出了努力。

小兴安岭有着得天独厚的自然生态条件，繁衍生长着红松等许多珍贵树木，素有“红松故乡”之美称。这里还生长着落叶松、樟子松和“三大硬阔”（胡桃楸、水曲柳、黄菠萝）。在丛山密林中，栖息着许多珍禽异兽，野生植物资源丰富，也适宜于东北虎的栖息。

作为世界上最大的猫科动物，成年虎没有天敌。食物缺乏的时候，棕熊、灰熊甚至北极熊等大型猛兽都被列入它们的食谱。但即便威猛如此，它在人类面前仍然不堪一击，生存空间一再被压缩，数量也大幅下降。

世界的虎保护工作

WWF与老虎保护——中国项目点滴

野生虎种群目前正处于一个非常关键的阶段，近乎崩溃的边缘。2006年开展的栖息地研究表明，虎目前的栖息地仅为10年前的40%，占历史上的7%，而虎分布区域也是地球上人口增长最快的区域。WWF对虎的关注始于1973年，当时WWF说服印度最高政治领袖英迪拉·甘地总理（Indira Gandhi）发布虎保护工程，资助重大的虎保护活动，一度使得印度野生虎的数量超过4 000只。然而，据最近的政府性调查显示，印度的虎数量仅为1 300只。相信这种数量上锐减的原因是多方面和复杂的，但是不可否认的是，在整个分布区，虎一直都面临来自栖息地丧失和盗猎的威胁。然而，WWF在俄罗斯的经验也告诉我们，这种形势并不是不可逆转，在政府和保护工作者们的努力之下，俄罗斯的东北虎从20世纪30年代的不到30只增加到现在的超过400只，说明只要对虎的栖息地和猎物得以有效保护并实施反盗猎，虎种群就很快得以恢复。

2002年，WWF正式开始中国东北地区的环境保护工作，在黑龙江流域启动了“综合森林保护项目”。该项目在中国东北和内蒙古国有林区确定高保护价值森林(HCVFS)的基础上，配合野生动物保护和自然保护区建设工程的实施，对黑龙江省和吉林省现有自然保护区的管理有效性进行了评价，并协助规划和推动实施新建和扩建自然保护区，以形成具有良好生态代表性和管理有效性的森林生态系统自然保护区网络体系，其目标在于促进和加强黑龙江流域及其旗舰物种东北虎的保护工作。

2005年，阿穆尔—黑龙江流域生态区成为WWF全球200个重点保护区域之一，在该区域内，WWF要集中其各种力量和资源实现以东北虎保护为核心的全流域景观生态系统保护目标。

全球虎数量变化曲线图

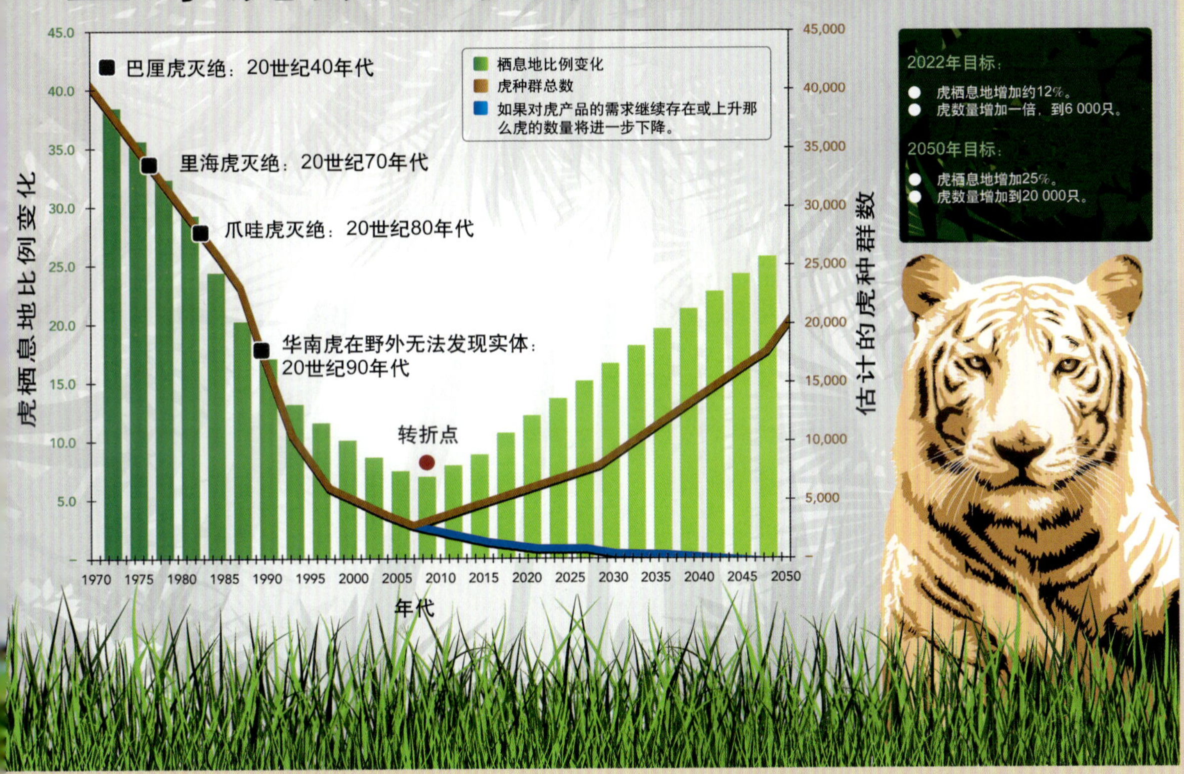

巴厘虎灭绝：20世纪40年代
里海虎灭绝：20世纪70年代
爪哇虎灭绝：20世纪80年代
华南虎在野外无法发现实体：20世纪90年代
转折点

栖息地比例变化
虎种群总数
如果对虎产品的需求继续存在或上升那么虎的数量将进一步下降。

虎栖息地比例变化
45.0
40.0
35.0
30.0
25.0
20.0
15.0
10.0
5.0
-

估计的虎种群数
45,000
40,000
35,000
30,000
25,000
20,000
15,000
10,000
5,000
-

1970 1975 1980 1985 1990 1995 2000 2005 2010 2015 2020 2025 2030 2035 2040 2045 2050
年代

2022年目标：
- 虎栖息地增加约12%。
- 虎数量增加一倍，到6 000只。

2050年目标：
- 虎栖息地增加25%。
- 虎数量增加到20 000只。

尽管虎的数量相比一个世纪以前已经大为减少，但如今越来越多的人和组织开始投入到对这一美丽物种的保护中。从全球虎种群数量及其栖息地变化趋势图中可以看出，保护组织对虎的未来做了相对乐观的预测。

欢迎东北虎回家！

在WWF全球虎保护行动的推动下，WWF“欢迎东北虎回家”中国项目正式踏上征程。

WWF中国的东北虎保护工作的第一个野外项目，选在了位于吉林省延边朝鲜族自治州汪清县境内的大荒沟林场。这一带有着适合东北虎活动的潜在生态环境，并且非常有希望成为东北虎能够定居的区域。随即开展夏季巡护，完成林场路况及经营状况调查，对巡护人员进行野外考察能力培训，同时建立地理信息系统（GIS）数据库。随着工作和项目的扩展，又在黑龙江省肇州县的朝阳沟和东宁县的暖泉河两处林场建立了两个野外项目示范点，并组织这三个野外项目示范点学习参与式调查方法（PRA）培训，为今后开展东北虎周边社区的社会经济调查做准备。2009年7月，在国家林业局、吉林省林业厅、延边州林管局、汪清林业局和大荒沟林场的大力支持下，WWF首个野生东北虎综合研究和保护示范点在大荒沟林场成立，标志着WWF在中国探索野生东北虎保护模式工作的正式启动。

为挽救老虎在全球范围为濒于灭绝，WWF在2007年底发起了一个雄心勃勃的全球的拯救老虎计划，通过提高各虎分布国的老虎保护的政治意愿和加大野外虎及其栖息地的保护力量，在2022年使全球野生虎种群数量翻倍，以紧急救护这一对世界文化和自然生态系统都十分关键的物种。WWF中国立足于以往黑龙将全流域保护工作的基础，在WWF全球虎保护行动的推

野生东北虎中俄分布图（供图／WWF）

动下，WWF“欢迎东北虎回家”中国项目正式踏上征程。中国东北林区曾经是东北虎主要分布区，目前在黑龙江和吉林两省东部仍保留有大面积森林，这些天然林依然适宜成为或可恢复为东北虎栖息、繁衍与生存的领地，具有恢复东北虎种群的有利自然条件。更重要的是，由于其特殊的地理位置，相邻的俄罗斯远东地区的东北虎种群不断增长，已达饱和状态，中俄边境林区存在东北虎跨境迁移活动的天然廊道，这将会对中国东北虎种群恢复带来有利契机，成为中国东北虎野生种群重建的种源基地。面对中国东北虎保护进入关键时期和有利的形势，WWF及合作伙伴组织专家首先在东北虎保护景观区重点地区之一的长白山地区，开展了东北虎潜在栖息地的判定分析研究，同时确定可能连接适生栖息地之间的生态廊道。经一年半的艰巨努力，在专家们共同讨论了东北虎栖息地的分析方法及数据要求后，WWF会同WCS、东北师范大学、KORA、美国蒙大拿大学及中国主要专家等在吉林和黑龙江相关地区，收集了大量东北虎及栖息地的相关资料，通过深入实地调查，编制并出版了《中国长白山区东北虎潜在栖息地研究》。该研究结合中俄两国多年的研究成果，利用国际先进的分析方法，对中国长白山地区东北虎栖息地和潜在栖息地进行了判别分类，确定了划分了9个东北虎种群恢复的栖息地保护与管理的优先区域，预测了东北虎种群扩散的潜在生态廊道，全面展示了中国长白山地区东北虎种群恢复的可行性和科学途径。

WWF会同有关专家，进而将该分析方法和研究推广到整个东北地区东北虎潜在栖息地的研究中，分析得到中国目前可供东北虎栖息的潜在栖息地。结果包括三大区域：长白山地区、完达山地区和小兴安岭地区，总面积约208 700 平方千米，其中东北虎适宜生境为67 800 平方千米，按照每只雌性东北虎家域面积为488平方千米（Miquelle et. al. 2006）的估计，这些区域理论上可容纳140头成年雌性东北虎。WWF亦根据潜在栖息地的生境质量及连接程度将其分为11个东北虎保护优先区域，根据重要性和可行性将其进行优先排序，推行了相关的保护策略。

上述研究成果在2010年5月举行的“中国东北虎栖息地保护研讨会”上得到了国家林业局和世界银行等组织和部门的认可和采用。并由

在小兴安岭、镜泊湖、长白山等地，由于生态环境相对优良，故而栖息着许多野生动物，例如中华秋沙鸭。它们和其他珍稀野生动植物一道，共同构成了森林生态系统中的生物多样性。

倍增还是灭绝……

2010年，时值中国虎年，WWF在全球发起了以“倍增还是灭绝”为主题的虎保护呼吁活动。这个活动在中国等所有的虎分布国和WWF大部分办公室同时发起，希望以此来掀起全球虎保护的热潮，共同努力，使全球老虎的种群数量在2022年恢复到6 000只。

WWF组织相关专家在该研究成果的基础上，起草《中国东北虎保护规划建议》。将11个东北虎保护优先区进一步分为近期、中期及远期工作优先区，以东北虎栖息地保护为核心，以扩大东北虎分布区和种群数量为目标，以东北虎恢复项目的规划布局、保护行动及项目的可持续性等为主要内容，藉以指导中国野生东北虎及其栖息地的恢复和保护。

同时，为了给东北虎栖息地的恢复提供基础保障，WWF结合国家重点林业工程，已经开展东北虎栖息地森林保护和恢复项目，帮助当地森工企业进行高保护价值森林（HCVFS）的判定，使这些森林经营单位提高管理水平和对森林资源的可持续利用，已实现“虎友好型”森林经营管理模式。在可持续采伐的区域，引入可持续森林经营认证（FSC），这是国际上最可信赖的森林认证和利用体系之一。通过相关方广泛参与制定标准和原则，要求企业为老虎保护“让利让空间”，对企业进行森林经营或产销监管链的认证，获得林产品FSC标志，其木材原料在欧美、日本等国家和地区具有良好的市场前景为补偿，以促进森林经营者对老虎保护的主动参与和积极性。

截至目前，WWF在东北地区已经帮助黑龙江省的友好林业局、东方红林业局、牡丹江林管局和吉林省的白河林业局、敦化林业局等森林经营单位获得森林管理委员会可持续森林经营（FSC-FM）证书，覆盖总面积超过100万公顷的森林，这些林业局的经营范围大多与东北虎栖息地重叠。以黑龙江省的穆棱林业局为例，它的经营管辖范围位于长白山支脉，老爷岭东侧，与黑龙江省东宁县相邻，是中俄东北虎个体扩散的重要廊道之一。而刚刚获得认证的敦化林业局下辖13个国有林场，总面积23.74万公顷，森林覆盖率91%，拥有包括东北红豆杉、中华秋沙鸭等丰富的生物多样性资源。森林认证不仅使森林资源获得可持续利用，同时也保护了森林资源和生物多样性，保护了野生动物，特别是需要大面积栖息地的大型猫科动物——东北虎和远东豹。

东北虎的保护是一项长期而艰巨的保护生物学工程，也是一项极其复杂的社会系统工程。它不仅需要中国国家和各级政府的共同努力，也需要NGO以及东北虎分布区个利益相关者的紧密合作。WWF会始终以科学研究为基础，与合作伙伴共同努力，希望在2022年，是中国的野生东北虎数量翻倍，在其栖息地繁衍生息并与人类友好、和谐地共存。

WCS俄罗斯项目

一个世纪以来，虎的野外种群数量减少了95%，致使这一世界上最大的猫科动物如今面临着灭绝的危险。然而，依靠先进的技术和广泛的教育支持，WCS的科学家正在用实际行动帮助虎这一富有魅力的物种走出濒临灭绝的困境。其中WCS的俄罗斯项目堪称虎保护工作的典范。

为了及时根据虎及其猎物的数量变化调整保护重心，WCS俄罗斯项目与几家单位合作，每年开展一次东北虎种群监测。监测点共有16个监测单元，分散在整个虎栖息地，总面积达23 555平方千米（约占虎适宜栖息地的15%～18%）。监测采用标准化的调查方法，共设246条调查路线，每年冬天调查两次，路线总长达6 114千米。通过监测，了解了虎数量变化、繁殖幼仔行为、相对猎物密度以及栖息地变化等信息。这项每年例行的监测工作为东北虎及其猎物种群变化提供了早期预警，已成为评价保护和管理效果的一种有效手段。

同时，按照从根本上减少人虎冲突的思路，WCS俄罗斯项目推出了“老虎友好认证”。该系统以林区社区为单位，负责

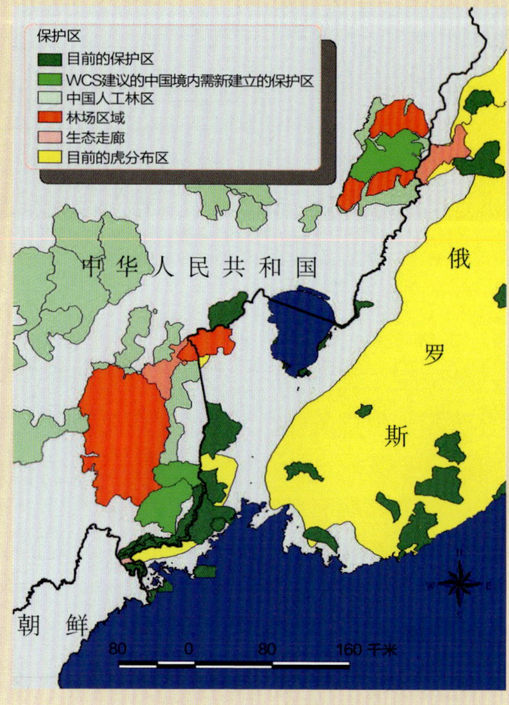

WCS已经在东北地区建立了相对完善的东北虎保护网络，人们期待着这种动物的种群数量能够顺利恢复。（供图／WCS)

管理老虎友好区域内的野生生物，同时可持续利用这片区域内的自然资源（包括药材和其他林木产品）。贴上老虎友好商标的产品全都通过了美国农业部有机产品认证，保证了产品的安全和健康，具有更高的价值。这样，不仅当地人可以从保护该区域的虎中直接获利，消费者购买虎友好产品也为虎保护做出了贡献。

但是要从根本上减少人虎冲突，就要改变当地人对虎的态度。WCS俄罗斯项目为此专门建立了一支从事东北虎野外工作

无论历史上的虎曾经多么凶悍威猛，在今天的人们面前，整个虎种的命运是柔弱的。如果冷漠以待，也许到下个世纪，我们的后代便再也无法领略到这种动物的无穷魅力了。

的专家团队，他们能够有效实施虎的抓捕、健康评价、转移以及放归后的监测工作，可以把问题虎转移到人烟稀少的地区来缓解人虎冲突。自1999年至今，俄罗斯政府每年都邀请WCS帮助解决人虎冲突问题。与此同时，WCS还让当地人在保护虎的活动中获利。这种方式大大缓解了人虎冲突，有利于建立人虎和谐相处的自然保护模式。

此外，WCS还与俄罗斯凤凰基金会合作，于每年9月的最后一个周日，在俄罗斯的符拉迪沃斯托克举办“老虎日”。这一天数万人穿着各色各样的动物服饰在街头游行，人们相互画虎脸谱，并组成虎爪的形状，还有老虎影片放映、绘画比赛、文艺表演等精彩纷呈的活动。起初，举办老虎日的目的是吸引全世界更多人关注东北虎这一濒危物种的保护。而自2008年起，“老虎日”已成为俄罗斯滨海边疆区一个地区性的法定节日。目前，“老虎日”已经成功举办了10届，庆祝活动甚至扩展到了欧洲及其他国家。

为了野生虎保护事业的长远发展，WCS俄罗斯项目在开展项目的同时，还大力支持未来的野生生物学家和保护学家从事有关的研究工作。2008年，WCS成立了锡霍特—阿林研究中心，在该中心为在俄罗斯从事野生生物和生物多样性保护研究的学生提供培训和指导。WCS还为研究生提供参与项目的机会，让他们与科学家以及外国学生一起开展研究。这不仅促进了文化、语言和科学方面的交流，同时也提高了这些年轻的保护学家的研究技能，为未来的虎保护事业储备力量。

根据监测，经过多年的努力，俄罗斯野生东北虎的种群增加了近一倍，数量已经趋于饱和。2005年，在政府机构和其他非政府组织协助下，WCS俄罗斯项目又组织了一次大范围的东北虎种群调查，发现俄罗斯境内野生东北虎数量已由20世纪80年代的200多只上升到现在的500只左右，其中有成年东北虎334～417只，有幼虎97～112只，这说明这里的东北虎种群已经保持稳定。

伴随着野生动物保护组织的努力和人们自然保护意识的加强，野生动物保护开始逐渐向人们的日常生活渗透。例如在某些儿童狂欢节上，孩子们会扮成老虎的样子，以期待人们对这种美丽的动物给予更多的关注。

东北虎，能否归去来兮？

WCS中国项目负责人　解　焱

我没有在野外见过东北虎，可是擅长做地图的我却心痛地看见它的分布范围迅速缩减，缩减的速度，在中国的物种中恐怕是数一数二的。

尽管虎是在人类文明中不可或缺的图腾和人们钟爱的文学、美术、书法、音乐、武术、戏曲、影像等等作品的灵感来源，这却并没有能够拯救这个物种的命运。200年前，东北虎还广泛分布于中国东北、俄罗斯远东和朝鲜半岛，但在最近的一个世纪里其分布区却显著缩小。1998~1999年国际野生生物保护学会（WCS）联合中美俄专家考察，表明全中国所有的东北虎总数不足20只。

自20世纪80年代以来，禁止枪支的使用并没有完全杜绝盗猎现象，套子成了另外一种成本低和便于实施的盗猎方式。根据1998~1999年的调查，WCS估计每年仅在珲春下的套子就可能导致2200只有蹄类动物死亡。2000年以来就有4只东北虎被的套子套死。在2003年WCS组织的一次清套行动中，大约有5000个套子被清除。

尽管现代科学研究表明，虎的某些器官并没有通常所认为的疗效，但传统观念已经根深蒂固。中国的东北虎数量已经太少，很难偷猎了。目前却仍然存在中国人到俄罗斯边境偷猎虎，或者俄罗斯人偷猎虎后贩卖给中国的现象。

中国在目前这种东北虎接近绝灭的状况下，和俄罗斯的种群相连的两个地方——珲春及其周边地区、东完达山——成为了拯救东北虎的唯一希望。2001年，珲春自然保护区（2005年升级为国家级）建立以来，虎的活动范围和频率都呈现上升趋势。东完达山区虽然还没有建立自然保护区，但因为近年来人类干扰的减少，虎的活动频率在过去两年也明显上升。

WCS正在展开的清套活动。

因此，我们有理由满怀希望，继续努力。俄罗斯已经造就了一个十分成功的范例，过去50年，俄罗斯虎数量增长了十几倍。20世纪30年代末俄罗斯只有20~30只东北虎。然而，由于俄罗斯政府采取积极措施，东北虎种群迅速恢复。上世纪80年代中叶冬季调查，有240~250只，1996年普查达到415~476只，目前有428~502只东北虎，基本上到了饱和的程度。俄罗斯虎保护最成功经验就是要实现大范围的动植物保护。

东北虎对于森林本身的要求并不是很高，不一定非得是原始森林不可，有大量有蹄类动物的次生林，只要有饮水、适量的猎物、隐蔽和安全的区域，就能够生存。因此除了加强执法，坚决杜绝对虎及其猎物的偷猎行为之外，最重要的工作是扩大虎栖息地的保护范围。

现在中国虽然建立了7、8个虎保护区，但是面积最大的珲春国家级自然保护区也只有1000平方千米，这远远不能满足虎保护的需要。严格的自然保护区起到了十分重要的作用，但是还需要建立更大范围的非严格意义的受到保护的地区，极大地扩大受到保护的范围，才能为东北虎的生存提供足够的生存空间。这是恢复中国的东北虎种群的关键。

在这些非严格意义的保护地区中，不可能完全排斥人类的存在和活动。经过

珲春的虎分布

WCS在东北做了大量工作，较为系统地记录了2000年以来中国东北虎的活动地点。

数百年的迫害和袭扰，今天的虎早已不再用看一头牛的方式去看一个人：躲藏与远离人类的本能支配了它，偶尔出现的食人虎是异常情况。但同时保护野生虎是为了保护这个物种，不是保护每头野生老虎，因此出现吃人虎的情况，需要采取捕捉、转移甚至杀掉的办法，来解决这些冲突。在很多虎分布国都建立了这样的机制。

但是必须要承认，扭转野生虎种群急剧下降的趋势并使其恢复并不容易。因为人类同虎的冲突是真实的。人类觊觎着虎的栖息地，因为农业和城市的扩张需要土地，虎的森林被视为木材和其他森林产品，虎的猎物被视为人类的食物。另一方面，在两者接近的任何地方，在其掠食本性的驱使下，虎很容易去猎杀家畜，甚至偶尔袭击人类。在中国虎分布区，长期形成的传统是将家畜散放到森林中，只是定期补盐，需要的时候再到把这些动物找回来。自由放养的家畜不仅同野生动物竞争食物，也增加了被虎捕食的机会。在珲春，2002年计有不到10只，到现在已经增长到每年有大约70头家畜被虎所食。不仅很多的家畜（牛，羊等）被虎捕食，更为严重的是，仅在某年9月就发生了两起老虎攻击人的事件，当事人一死一伤。诸如此类的事件导致了人虎矛盾的产生，减低了东北虎的保护效果。拯救虎将意味着人类社会必须牺牲一些现实的利益，我们无法回避这些事实。

在这样受到人类活动严重影响的大片地区，管理虎并非易事。即便我们使用了所有这些保护措施，也只能建立在关于野生虎可靠的生物学知识的基础之上，这些措施才能发挥效力。对于虎生物学和保护的需求缺乏准确可信的了解，已然成为中国东北虎保护的主要绊脚石。俄罗斯的保护成功经验之一就是他们长期坚持开展虎的监测、调查和研究，这些研究信息为保护管理提供了重要的依据。

WCS在俄罗斯一共给60多只东北虎戴上了无线电项圈，对于繁殖缓慢的长寿物种，个体的长期监测数据对于估计动物的繁殖力、两次生育间隔和动物的产仔数来说是无价的。进而，这些细节对于制定保护计划也非常必要，因为它们能为许多重要问题提供答案，比如一个保护区每年能有多少幼仔出生，这个种群能经受多大强度的偷猎等等。有些东北虎已经跟踪了4年。这种项圈一般可以用上4~5年。

中国的东北虎保护工作已经开始起步。中国是虎的起源国，东北虎在20世纪30年代主要分布在中国，现在，俄罗斯有500只，而中国只剩了不到20只，而且基本上依赖于俄罗斯的东北虎扩散进入中国。希望从现在开始，中国人有信心，并且真正付出足够的努力来扭转这个局面，让中国人民热爱的虎能够真正回到中国——这个虎的故乡。

WCS俄罗斯的研究人员正在给野生虎上无线电项圈

未来的一代，将为本世纪缺乏远见、缺乏同情、缺乏对未来慷慨的精神，使这个世界上最令人激动而又漂亮的动物消失，而感到真正的悲哀。

——WCS 乔治·夏勒

走向何方

虎有怎样的未来

可以说，对于虎类的灭绝和濒危，人类是负有不可推卸的责任的。也可以说，虎的未来几乎完全取决于人类（这本身就是一个可悲的问题）。如果人类重视与自然界的和谐，善待自然，给虎留下一片生存的空间，虎或许会放慢其走向灭绝的脚步，甚至会继续存在很长时间；如果人类继续侵占虎的家园，那么全世界野生虎的灭绝可能用不了一百年。

虎的未来取决于人类

目前全世界野生虎的数量已经锐减到不足3500只，对保护界来说实在是感到有些悲哀。

野生虎数量锐减的主要原因一个是野生虎的栖息地森林的破坏，一个是盗猎。虎和人争夺地盘的矛盾十分突出。虎现在的活动范围是世界人口最稠密的地区，根据世界资源研究所的统计，这些地方聚居的人口以每年1.87%的速度增加；除了泰国和中国，人口增加的速度远远超过世界的平均数字。现如今，在各个虎分布国，虎仍在人口稠密的地区中和人类争夺地盘，但在大多数情况下，虎依然是失败者。虎栖息地丧失的问题目前依然存在，而且是一个顽症，几乎无法解决。

可以说，对于虎类的灭绝和濒危，人类是负有不可推卸的责任的。也可以说，虎的未来几乎完全取决于人类（这本身就是一个可悲的问题）。如果人类重视与自然界的和谐，善待自然，给虎留下一片生存的空间，虎或许会放慢其走向灭绝的脚步，甚至会继续存在很长时间；如果人类继续侵占虎的家园，那么全世界野生虎的灭绝可能用不了一百年。还是谈谈中国的东北虎和华南虎吧。

镜泊湖位于黑龙江省东南部张广才岭和老爷岭之间，不仅风景旖旎，而且物产丰富。湖区两侧山地森林茂密，多动植物栖息，也曾是东北虎的重要活动区域之一。

东北虎的种群恢复

东北虎一年大部分时间都是四处游荡，独来独往，没有固定住所。只是到了每年冬末春初的发情期，雄虎才筑巢，迎接雌虎。

目前野生东北虎的主要种群在俄罗斯。由于一部分野生东北虎种群在中俄两国间跨界分布，这是我们需要十分关注的。目前俄罗斯尚不存在使东北虎数量急剧减少的直接威胁，但一些威胁因素仍影响它们的生存，如森林砍伐问题，在个别地区森林的采伐量很大，不仅影响东北虎自身也影响到被它捕食的动物。俄罗斯已建的保护区面积还是小，难以保护整个东北虎种群。如果俄罗斯能够进一步扩大和连接更多的东北虎栖息地，目前的430～500只东北虎数量会延续较长时间，种群也会比较稳定。

近百年来，中国的野生东北虎主题呈现由多到少、再到濒临灭绝的态势。虽然近年来中国野生东北虎的数量有了一些增长，但是区区十几只的数量依然没有摆脱濒危的险境。近30年来实施的种种保护措施和多个大的生态建设工程，使黑龙江和吉林的东北虎保护工作得到了加强，中国的野生东北虎数量开始有所恢复和开始在野外时常有所发现。如果能将原有的东北虎栖息地进一步扩大和完善，相信中国境内的东北虎扩散的范围会更大，数量也会较快回升。最近得知，在WWF和WCS等国际组织的协助下，中央和地方政府保护部门已加大了保护野生东北虎的力度，制定出东北虎种群和栖息地恢复计划，并力争在今后十多年实施这些计划，努力改善中国野生东北虎的濒危状况。中国学者和有关部门已多次探讨能否将人工驯养繁殖的东北虎放归自然，但目前的答复是放虎归山依然难度很大，充满挑战。

华南虎的栖息地驯养繁殖

华南虎作为中国特有的虎亚种，多年来野外难觅踪迹，科学家也从未放弃对它们的查找和调查。目前来说在中国仍有很多适宜华南虎生存的栖息地，我们能做的就是要保护华南虎的栖息地以及驯养繁育一定数量纯系圈养华南虎个体。怎样对华南虎进行科学的散放、野化培训、野外繁衍的研究，真是任重而道远。

从目前情况来看，华南虎的未来是堪忧的，如果我们对其不给以特别的关注，华南虎很可能会成为下一个即将灭绝的虎亚种。中国的华南虎理应得到我们和年轻一代的关注，因为它是我们的本土亚种，我们应当努力拯救它。

根据猫科动物学家的研究，华南虎的条纹数量可能是中国所有亚种里面最少的。其毛皮上有既短又窄的条纹，条纹的间距较孟加拉虎、东北虎的大，体侧还常出现菱形纹。

古老漫长的地质变迁和相对封闭的自然环境，使神农架全境蕴藏着丰富的自然资源，森林面积达1 618平方公里，生长着各类植物3 700多种，各类动物1 060余种，其中金丝猴、华南虎、金钱豹、白鹳、白蛇、大鸨等67种珍稀野生动物受国家重点保护。目前来说在中国仍有很多适宜华南虎生存的栖息地，我们能做的就是要保护华南虎的栖息地以及驯养繁育一定数量纯系圈养华南虎个体。

孟加拉虎和印支虎的生存区竞争

2000年全国陆生野生动物资源调查的结果显示，孟加拉虎和印支虎仅在中国西藏和云南的部分狭小区域有分布，野外数量分别只有10只和17只左右。

大多数孟加拉虎生活在印度和孟加拉国。那里属于热带或南亚热带，物产丰富，但老虎与人类的矛盾却十分突出，猎杀老虎或老虎咬死人的事件时常发生。如果保护措施得力，或许野生老虎的数量会得到稳定。但怎样能够做到人与自然和谐相处，人与老虎相安无事，恐怕很难调和到位。

孟加拉虎曾广泛分布在中国西藏东南部的阔叶林中。20世纪末，它们在那里的活动范围已大为缩小。

在野生状态下，野猪是虎的主要猎物之一。相比于马鹿、狍子等不具攻击性的食草动物而言，捕食野猪对虎来说有一定危险性。不过这并不意味着虎遇到野猪会放弃，事实上，在与野猪的争斗中，绝大多数情况下，虎会成为胜利者。

拯救老虎，就是拯救人类的未来

虎保护的目标宏伟，投资巨大，任务艰巨，面对挑战。中华文化中虎文化、虎艺术和虎美学精美绝伦，让每个华人受益匪浅，但有多少人会去注意野生老虎的困境呢？那些拿老虎做品牌和商标的企业与厂家总不能光赚取老虎名声的好处，而不为老虎的保护献上一点爱心和赞助之力吧？我呼吁，为了老虎未来还能在中华大地继续存在，中国人必须行动，拯救老虎，拯救它们赖以生存的环境，也就是在拯救我们自己，拯救人类的未来。

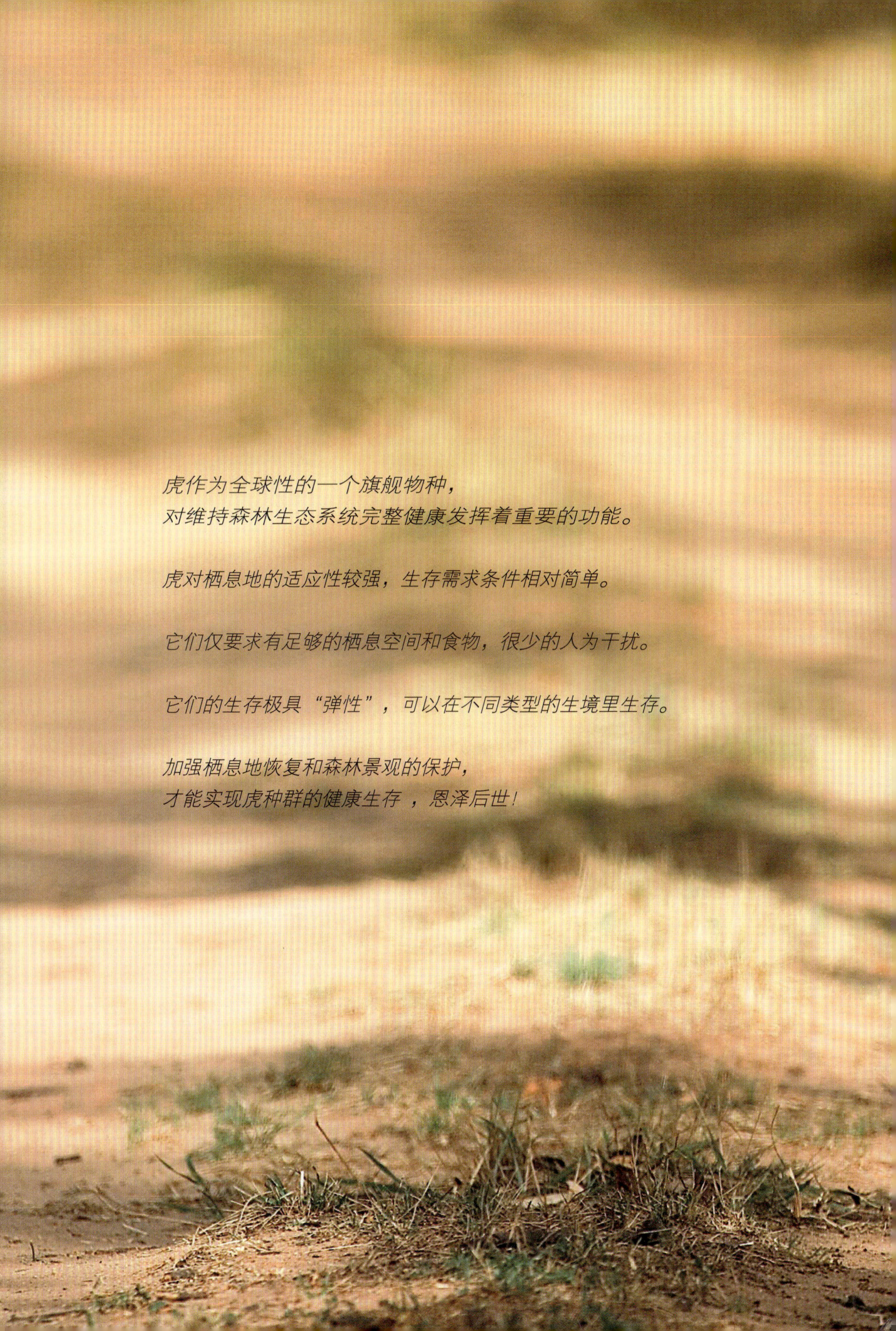

虎作为全球性的一个旗舰物种，
对维持森林生态系统完整健康发挥着重要的功能。

虎对栖息地的适应性较强，生存需求条件相对简单。

它们仅要求有足够的栖息空间和食物，很少的人为干扰。

它们的生存极具“弹性”，可以在不同类型的生境里生存。

加强栖息地恢复和森林景观的保护，
才能实现虎种群的健康生存 ，恩泽后世！